微信公众号

舌尖上的安全
Eating Safely and Healthily

4

主 编 程景民

副主编 韩 颖 章 娟 邢菊霞

文 稿

编 者（以姓氏笔画为序）

于海清	王 君	王 媛	元 瑾	毛丹卉	卞亚楠	计 星	田步伟
史安琪	冯 敏	邢菊霞	师 成	任 怡	刘 灿	刘 俐	刘 楠
刘磊杰	许 策	许 强	李 祎	李欣彤	李敏君	李靖宇	吴胜男
张 欣	张晓琳	张培芳	武众众	范志萍	郑思思	胡家豪	胡婧超
柏敏华	袁璐璐	贾慧敏	夏雯琪	徐 佳	郭 丰	郭 丹	郭 佳
高铭江	章 娟	曹雅君	梁家慧	韩 颖	彭 程	董映华	程景民
谭腾飞	熊 妍	潘思静	薛 英	籍 坤			

视 频

制 片：李海滨   技术统筹：杜晋光

责任编辑：宋铁兵 刘磊杰   节目统筹：张亚玲

摄 像：李士帅 李志彤 王磊磊   监 制：郭 晔 王杭生

后 期：杜 鑫 郝 琴   总监制：赵 欣 魏元平 柴洪涛

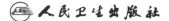

人民卫生出版社

图书在版编目（CIP）数据

舌尖上的安全. 第 4 册 / 程景民主编. -- 北京：人民卫生出版社，2018

ISBN 978-7-117-26118-0

Ⅰ. ①舌…　Ⅱ. ①程…　Ⅲ. ①食品安全 – 普及读物　Ⅳ. ①TS201.6-49

中国版本图书馆 CIP 数据核字（2018）第 132735 号

人卫智网	www.ipmph.com	医学教育、学术、考试、健康， 购书智慧智能综合服务平台
人卫官网	www.pmph.com	人卫官方资讯发布平台

舌尖上的安全（第 4 册）

主　　编：程景民
出版发行：人民卫生出版社（中继线 010-59780011）
地　　址：北京市朝阳区潘家园南里 19 号
邮　　编：100021
E - mail：pmph @ pmph.com
购书热线：010-59787592　010-59787584　010-65264830
印　　刷：北京铭成印刷有限公司
经　　销：新华书店
开　　本：710×1000　1/16　印张：12
字　　数：190 千字
版　　次：2018 年 7 月第 1 版　2018 年 7 月第 1 版第 1 次印刷
标准书号：ISBN 978-7-117-26118-0
定　　价：45.00 元

打击盗版举报电话：010-59787491　E-mail：WQ @ pmph.com
（凡属印装质量问题请与本社市场营销中心联系退换）

《舌尖上的安全》
学术委员会

学术委员会主任委员：
　周　然（山西省科学技术协会）

学术委员会副主任委员：
　李思进（中华医学会）
　李青山（山西省药学会）
　谢　红（山西省科技厅）

学术委员会委员：
　王永亮（山西省食品科学技术学会）
　王红漫（中国卫生经济学会）
　王斌全（山西省科普作家协会）
　李　宁（国家食品安全风险评估中心）
　李　梅（山西省卫生经济学会）
　刘学军（山西省老年医学会）
　刘建国（山西省食品药品监督管理局）
　邵　薇（中国食品科学技术学会）
　邱福斌（山西省营养学会）
　张　红（山西省预防医学会）
　张勇进（山西省医师协会）

陈利民（山西省卫生与计划生育委员会）

胡先明（山西省健康管理学会）

郝建新（山西省科学技术协会）

梁晓峰（中华预防医学会）

郭丽霞（国家食品安全风险评估中心）

黄永健（山西省食品工业协会）

曾　瑜（中国老年医学会）

2015 年 4 月，十二届全国人大常委会第十四次会议表决通过了新修订的《食品安全法》。这是依法治国在食品安全领域的具体体现，是国家治理体系和治理能力现代化建设的必然要求。党中央、国务院高度重视食品安全法的修改，提出了最严谨标准、最严格监管、最严厉处罚、最严肃问责的要求。

新的《食品安全法》遵循"预防为主、风险管理、全程控制、社会共治"的原则，推动食品安全社会共治，鼓励消费者、社会组织以及第三方的参与，由此形成社会共治网络体系。新的《食品安全法》增加了食品安全风险交流的条款，明确了风险交流的主体、原则和内容，强调了风险交流不仅仅是信息公开、宣传教育，必须是信息的交流沟通，即双向的交流。

本书以《舌尖上的安全》节目内容为基础，全书由嘉宾与主持人的对话讨论为叙述形式，并借力新媒体技术，通过手机扫描二维码，即可观看《舌尖上的安全》同期节目视频，采用一种图

文并茂、生动活泼的创新手法，在双向的交流中深入浅出地解读食品安全知识。

《舌尖上的安全》在前期的编导及后期的编写工作中得到尊敬的王陇德院士、孙宝国院士、朱蓓薇院士、陈君石院士、吴清平院士、庞国芳院士、钟南山院士、徐建国院士在专业知识方面给予的指导和帮助，谨此对他们致以衷心的感谢。

食品安全涉及诸多学科，相关研究也在不断发展，由于作者知识面和专业水平的限制，书中难免有错漏和不妥之处，敬请专家、读者批评指正。

程景民

2018 年 2 月

目录

深度解读食品安全问题（一）

　　食品安全领域正成为网络谣言的重灾区。有数据显示，网络谣言中食品安全信息占45%。食品谣言不仅扰乱了老百姓的消费判断，损害了行业发展，甚至已影响到我国的国际声誉。过去几年发生的几次大型食品安全事故，确实对公众信心产生了很大的负面影响。面对谣言时，很多人容易产生"宁可信其有"的心理。

　　食品谣言一般都会有这样的特点：罔顾事实，凭空捏造所谓真相；愚弄公众认知；旧闻翻炒，将过去发生的事情掐头去尾、改头换面；戏谑嘲讽，以打趣调侃方式改变事实描述，在潜移默化中形成消极负面的认知惯性；偷换概念，频繁使用"有毒""致癌""致死"等刺激性语言，造成消费者的担心和恐慌。那么一种食品究竟是如何判定其是否具有致癌性，又有哪些食物是可能致癌的呢？

　　一种食品被判定为不合格食品，或是含有某些危害物质，它一定就是"毒食品"了吗？对于一种食品是否致病，在考虑其剂量、致病条件的基础上会制定其所含某种物质的限量标准，那么这种标准的制定过程又是如何呈现的呢？在接下来的食品安全问题系列，我们将一同来深度探讨存在于我们生活当中的食品安全问题，了解它背后的那些事。

二位老师，咱们节目做了也将近 300 期了，其实我也是有一些感触和总结的，比如我经常会说到网上流传这样那样的食物是疑似致癌物，长期食用可能会致癌等等这样的谣言。人们一听到致癌这样的字眼，心里不免会担心和恐慌。

你说得没错，像这样的谣言我们经常都会碰到。在很多报道中，最常见的就是"长期食用可能致癌"，其实你仔细想想，这样的句式它有可能指的是"每天大剂量的吃上几十年会有万分之一患上某种癌症的可能"。

郭　丹：是的。像那些网上传的疑似致癌物大多数都是我们几乎每天都会吃到的东西。

但我们总不至于把这些东西都戒了吧？

其实很明显，可能致癌与致癌肯定是有区别的。苏丹红也是可能致癌，但大部分人的印象都是"致癌物质"吧？如果"可能致癌物质"能简称为"致癌物质"，那干脆就不用分级了。

是的，我们经常说到某种物质是几级致癌物，我想这肯定都跟它的致癌可能性有关。

是的。根据国际癌症研究机构致癌物质分类标准，总共有三类，1 类是致癌，2A 类是很可能致癌，2B 类是可能致癌。具体规定是这样的，我们一起来看一下（图 1-1）。

> 国际癌症研究机构致癌物质分类标准规定：1 类是致癌，2A 类是很可能致癌，即在动物实验中发现充分的致癌性证据，对人体虽有理论上的致癌性，实验性证据有限；2B 类是可能致癌，即对人体致癌性的证据有限，在动物实验中发现的致癌性证据尚不够充分。

图 1-1　国际癌症研究机构致癌物质分类标准

郭　丹： 也有的情况是对人体致癌性的证据不充分，但是对动物致癌性证据充分；或者，不管是对人还是动物，其致癌性的证据都很有限，但是有相关的机制分析可以提供证明。

有了这样的标准做参照，我们其实就可以更理性地去对待那些网络谣言了。

没错，不管是致癌或者可能致癌，都一样跟剂量有关，因为得出这个致癌或者可能致癌的结论，本来就是根据一定条件下的一定剂量试验出来的。

郭　丹： 对，比如大家都听说过的"手机可能致癌"，科学家们最终把手机使用列入"可能致癌"，也就是 2B 级的分类中，这个结论是在大量研究的基础上得出的，其中一项研究对象就是使用手机 10 年以上、且平均每天通话超过 30 分钟的人群。

那怎么能行？手机对我们年轻人来说可是刚需啊！

对啊，所以说要学会科学看待。其实国际癌症研究所曾经对 800 多种化合物进行了分析，绝大多数都或大或小都有致癌的可能性，而且其中还包括咖啡、葡萄酒、清酒、泡菜，甚至还有晒太阳。如果简单粗暴地把含有这些化合物的食品都排除掉，你舍得吗？

当然舍不得了，那如果一种食品被确定是不合格食品，那它应该就是对我们有危害的食品了吧？

郭　丹：这也不一定。一个产品被判为不合格的原因很多，包括标签问题、超过保质期或产品质量不符合国家标准等。

超过保质期的食品有可能只是风味不佳了，但未必就有害；至于产品质量不符合国家标准，因为标准的制定一般都会留"安全余地"，所以只能说不符合国家标准的产品会有引发健康问题的"风险"，但并不绝对致病。

也就是说并没有那么绝对，要具体问题具体分析是吗？

你的确是个好学生，一点就通。举个例子，比如 2012 年引起很大关注的"含菌水饺"事件，它是不符合当时的国家标准，属于不合格食品，但考虑到当时国家标准规定

安全提示

对于曝光的不合格食品，要具体看不合格的项目和指标，不符合国家标准的产品会有引发健康问题的"风险"，但并不绝对致病。

得太严，而且水饺煮着吃就可以杀灭那些病菌，所以这样的"不合格食品"一般不会对消费者造成健康危害。对于曝光的不合格食品，要具体看不合格的项目和指标，不要直接下定论有危害，也用不着马上恐慌。

其实可能对人体造成危害的食品有很多，比如食品里添加了有危害的物质，或是超过了标准限量，程老师，我们以前也会在节目中聊到某种食品含有危害物质，那它真的就是"毒食品"吗？

这个也有待商榷。还是我们那句老话"不要离开剂量谈毒性"，就是说，即使是食品中的危害物质，其是否产生危害要看其中的剂量。所谓的致病物质（包括"致癌物质"）在自然界中广泛存在，并不是说一种食物中含有某种物质就有一定致病，致病还要考虑其剂量、致病条件。你可能会说，也许一两次不会致病，但长期食用谁能保证不致病呢？

确实是这样，所以我们得制定各种各样的标准是吧？

郭　丹：没错，标准的制定一般都会考虑"长期食用"的问题（包括照顾到特殊人群，如老人、小孩），所以不超过标准规定的限量值一般是不用担忧的，我们也不赞成随随便便就给某种食品盖上"毒食品"的帽子。

那如果这个食品超过了限量标准，它对人体就一定是有危害的对吧？

应该说，大部分时候都是这样，但不能将其绝对化。这需要对标准的制定有一些基本了解。标准制定的初衷当然是为了对食品中的危害进行合理、有效控制，对健康进行保障。

程老师，您能举个例子吗？

好的。比如说，粮食霉变会产生黄曲霉毒素，而黄曲霉毒素是强致癌物。抛开依法行政的问题不谈，我们理想中是把黄曲霉毒素的标准定得越严越好，最好不要检出——但是，标准提高一点可能就意味着几千万斤粮食废弃，那么对于一个粮食短缺的国家，是选择饥饿成荒还是选择让人群的致癌概率高十几万分之一？答案不言而喻。所以说，标准值是科学研究和各种要素的平衡，虽然健康是其中占比最大的一块，但不是唯一。

安全提示

标准的制定一般都会考虑"长期食用"的问题，制定的初衷当然是为了对食品中的危害进行合理、有效控制，对健康进行保障。

看来食品的标准制定还是要考虑很多因素的。

是的，但对于具体事件仍要具体分析。标准一般是留了"安全余地"的，所以有些情况即使超标了也不会有即刻的健康危害（除了"安全余地"，还有很多因素支持这一点），但有些特定的情况必须极为严苛，比如婴幼儿食品中的重金属除了铅有限量值外，其他都绝不允许检出。

那说到标准，咱们以前在节目中您也经常会提到国家标准、行业标准，这些标准是怎么细分的呢？

根据《标准化法》规定，我国现行标准体系分为国家标准、行业标准、地方标准和企业标准 4 级。国家标准和行业标准又分为推荐性标准和强制性标准两种类型，强制性标准即必须执行的，推荐性标准是国家鼓励企业制定严于国家标准或者行业标准的企业标准，在企业内部适用。

好的，非常感谢两位老师今天给我们带来精彩的讲解。在下期节目当中我们接着来剖析食品安全问题背后的那些事。

深度解读食品安全问题（二）

　　面对食品安全问题，传统就显得特别有生命力。经常有人会提出这样的疑问，是不是以前的食品更安全？这个问题其实跟问"是不是以前的交通更安全"有异曲同工之处。现代食品更丰富了、流通更广泛了，在这个庞大的基数上，无论以什么概率来算，食品安全事件都是"剧增"了，再加上我们的食品安全意识提高、媒体曝光增多，能看见的食品安全事件当然是更多了。但是这也并不能够说明以前的食品就更安全。

　　那么既然现代生产的食品在安全性方面要比以前的食品更有保障，那为什么现在的食品安全事件越来越多呢？现在食品安全的总体背景就是：食品的绝对数量在增长，必然事件越来越多（指在一定时期内，过了某个时期，也许这个基数在增长或不变，但事件越来越少）；因为对食品安全的认识在提高，很多原本没有意识到、不列入食品安全问题的现在都算了；从主观上来说，媒体报道的越来越多，你也会"感觉"到这类事件越来越多——哪怕这些报道有时并不属于食品安全问题，有些还是不实报道。

　　在食品安全的问题上，我们又应该如何正确权衡传统与现代工艺的关系呢？食品安全是否真的能够实现如我们所愿的零风险呢？

程老师，今天我得跟您诉诉苦，这两天气温回升，家里的土豆长了好多芽，因为做咱们这个节目我知道吃了长芽的土豆可能会中毒，所以我说要把土豆扔掉，家里的老人不干了，"祖祖辈辈都是这么吃的，也没见吃出什么毛病啊"，您得给我评评理，这食品安全哪能靠经验和传统啊？

是的，这是很显然的，在传统条件下，因为没有对危害成分检测的概念，很多隐藏的、长期的健康危害都不会被发现，所以传统和经验并不绝对可靠。这样的例子非常多，比如过去端午节要喝雄黄酒，现在已经证明雄黄酒里的砷是有害的；以前包粽子会放点硼砂，但现在禁止企业在粽子里添加硼砂。

郭　丹：对啊，对于很多家庭自制的传统食品，包括腌制、烧烤、熏制食品，虽然都是"舌尖上的美味"，但随着科学的发展和我们认识的不断深入，有些食品很难说是完全健康的。

听我爸妈那一代人讲，过去冰棍里面多放点糖精色素，那叫有滋有味，可是现在多放点色素这属于非法添加。而且过去冰棍外面都是用层薄纸片包着，哪还管什么食品安全啊！

没错。在那个物质匮乏的年代，其实是不太顾得上食品安全的。食品安全有着质和量的问题，过去量是第一位的，就是先保证吃上、吃饱；当量的问题解决以后，质就是第一位的，那就是要吃好，吃出健康来。

而且现在大家似乎都觉得以前的食品不像现在添加那么多东西，所以更安全，看来传统还是有很大魔力的呀！

郭　丹： 没错，传统是特别有生命力的一种东西，违背传统观念的做法经常会受到抵制。比如说，西瓜居然可以打植物生长调节激素？豆浆不是现磨而是用豆腐粉来冲调的？烤鸭不用木炭而用电炉烤的？白酒不是自然发酵而是用食用酒精勾兑的？这都是很难接受的。

是的，这对很多人来说的确是难以接受的，反倒会以为是一些非法生产。

是的，传统食品的做法、口味确实值得怀念，但由于当今社会对食品消费更广泛、更便捷的需求，传统的方式已经难以满足，而且从食品科学角度来说，现代食品工艺在安全性方面更有保障。我们应该尊重传统，但不迷信传统，对传统也要有辨析的精神。在有些地方，传统和现代可以并行不悖，有些地方则提倡用更先进的现代食品工艺取代传统做法。

您这么一说我就想起来有一个网站做了一个专题调研，名字就叫"谁说改革开放前的食品就靠谱"，从我们最日常食用的大米、蔬菜、茶叶、酱油来看，"以前的"都不见得更安全，那时候的陈化米比现在的多，发霉的粮食都不舍得扔。

郭　丹：还有就是很多人以为那时候农村的蔬菜就更"绿色"，有一部分当然是这样的，因为那时候的工业污染、生活垃圾污染还很少，但是那时候普遍使用剧毒、高毒农药，比如敌敌畏、66粉之类的，现在已经禁用了。

安全提示

当今社会对食品消费更广泛、更便捷的需求，传统的方式已经难以满足，而且从食品科学角度来说，现代食品工艺在安全性方面更有保障。

程老师，既然现代生产的食品在安全性方面更有保障，那为什么现在的食品安全事件反而越来越多呢？

因为对食品安全的认识在提高，很多原本没有意识到、不列入食品安全问题的现在都算了；从主观上来说，网络爆料得越来越多，你也会"感觉"到这类事件越来越多，哪怕这些爆料有时并不属于食品安全问题，有些还是不真实的。

没错，有些网络食品安全谣言的确是在以讹传讹，有的还会造成恐慌，甚至一些人就觉得，现在还有什么东西是能吃的？

其实现实中大家都吃得挺欢的。可以这么理解大家的担忧：似乎每个食品行业、每种食品都出过问题，于是给我们造成一种感觉，吃任何食品都可能中招。因此如果我们想吃得安全的话，除了寄希望于食品安全总体状况的改善，更需要提高自身的甄别能力，比如许多老百姓都知道不要买三无产品，尽量选用至少中等价位的食品等等。

其实很多消费者觉得自己不需要了解这么多食品安全知识，只要企业生产出的食品确保安全就可以了。

郭　丹：没错，在我们各项问卷调查活动中，发现有不少持这种观点的人。消费者了解相应的食品安全知识后，其消费就会变得更理性，会有意地回避食品安全风险更高的食品，也愿意为安全食品提供相应的购买预算。同时，具备相应的食品安全知识后，消费者还可以成为更好的"监督者"。

我想其实我们消费者更愿意自己吃到嘴里的东西是零风险的，这样才能真正确保我们的健康不会受到任何的威胁不是吗？

你太理想化了，这种情况是不可能的。食品安全没有零风险。且不说人类自身、人类的食物无时不受复杂的客观环境（空气、土壤、微生物等）影响，有已知的，还有未知的，即使是属于主观能动方面，也有偶发事件、人力不可及的范围及操作成本问题。零风险只是个美好的愿望——无论是自己的小块种植还是大规模种植，无论是初级农产品还是深加工产品，无论谁来生产谁来监管，都没有零风险。

看来想要入口的食物绝对的安全根本就是不可能的。

没错。没有零风险，我们还是要种植，要生产，要消费。所以食品生产不是要承诺"零风险"，而是要将风险降得越低越好，降到风险可控的范围。对于食品安全"事件"要进行具体分析，因为实际情况很复杂，有些是人为的、故意的，但也有其他原因。

好的，我们下期接着聊。

安全提示

食品安全没有零风险。食物无时不受复杂的客观环境（空气、土壤、微生物等）影响，有已知的，还有未知的，也有偶发事件、人力不可及的范围及操作成本问题。

深度解读食品安全问题（三）

近几年发生的食品安全事件当中，有相当一部分是消费者购买产品后投诉、维权反映出来的。一般来说，只要是消费者购买的产品确实有质量问题，那么无论出于何种原因，企业都应当承担责任，包括给予消费者合理的赔偿。

"我才不需要了解这么多，只要企业生产出安全的食品就行！"在各项问卷调查活动中，发现有不少持这种观点的人。他们认为，自己不需要了解食品安全相关知识，关键在于企业。消费者多了解点食品安全知识，跟促进企业食品安全有没有关系呢？企业生产食品，本质上是一种市场行为，而"安全的食品"跟成本有直接的关系，好的原料、设备、人力、检测等都关乎成本。事实上，有很多微利行业，就是因为低价恶性竞争导致他们偷工减料，最后生产出不安全的食品。那么是不是消费者曝光的问题，真的就一定是企业造成的呢？如果是流通环节出的差错也需要企业来承担吗？

我们经常会看到某某产品出了事，企业就会宣布召回自己的产品，其实不光是食品企业，有好多企业比如说手机生产商也是这样的。那么召回制度是不是适用于所有出现问题的产品呢？而且经常有人会说，一般像那种因为产品不合格宣布召回的都是一些大企业，那究竟是为什么总是这种大家很信任的大企业反倒会出现这种问题呢？

程老师，前几年一些重大食品安全事件不断被曝光，像三聚氰胺事件、瘦肉精中毒还有麦乐鸡当中检出橡胶化学成分，一时间好像都把矛头指向了生产企业，很多企业也因此破产倒闭，我在想，这些消费者曝光的问题，真的就一定是企业造成的吗？

在当前的食品安全事件中，有相当一部分是消费者购买产品后投诉、维权反映出来的。应当说，只要消费者购买的产品确实有质量问题，那么无论出于何种原因，企业都应当承担责任，包括依法给予消费者合理的赔偿。

那如果是流通环节出的差错也需要企业来承担吗？

这就是我接下来要说的但是了，对于消费者为什么会购买到不合格的产品，其原因仍然值得细究。一个产品到消费者手上，包括生产、运输、储藏、经营、销售这几个环节，这几个环节都有可能出错（图3-1）。有时可能一下就能判断是哪个环节出错了，但是多数时候是不能的，这时候就需要对同批次的产品进行再检测，以排查是不是生产环节出了问题，如果是，则可能要对同批次产品召回。

图 3-1　产品到消费者手上经过的环节

郭　丹：我们在生活当中，会发生比如说在食品中发现某种异物，什么头发、沙粒等，那发生这种情况是不是也属于生产厂家的责任呢？

你说得没错。但是我们也得结合实际来说，这种一般都属于小概率事件，也就是我们常说的个案。此外，在运输、储藏环节出问题的可能性也不小。比如需要冷藏的鲜奶，有少数顾客在超市挑选好了，逛了一会又决定不买了，却没有把牛奶放回原处，如果超市人员没有立即发现，牛奶就变质了。这种情况虽然是少数，但毕竟还是会有人买到。

郭　丹：其实很多产品，对储藏条件（比如避光、干燥）都有要求，如果储藏不当，也可能导致出厂时合格的产品，存放一段时间后就不合格了。

我知道如果是这种情况的话，那就不属于生产企业的责任范围了。

没错。我们其实还要考虑到的另外一种情况就是"恶意投诉"。

恶意投诉？

 是的，虽然这样的消费者并不多，但毕竟是有这样的情况存在。比如我们曾经就遇到过这样一个投诉，有消费者反映某品牌火腿肠中有虫卵，但是业内人士都知道，火腿肠生产中需高温杀菌，不可能产生虫卵，而后专家认定，通过虫卵的颜色可辨别是新鲜虫卵，是外包装破损或剥开后才产生的。

郭　丹： 像这种情况，属于哪一方的责任我们不说大家也知道了。

说到这儿，我比较好奇，我们经常会看到某某产品出了事，企业就会宣布召回自己的产品，其实不光是食品企业，有好多企业比如说手机生产商也是这样的。

 如果某个产品用老百姓的话叫"出了事"，我们都会很关心企业会如何处理这些产品，一般来说，召回是必要的措施。不管中国，还是欧美、日本等国的食品召回制度，都包含有这样一些基本的思路：需要专业的组织对不安全食品进行评估，然后按照评估结果确定召回的级别和方案，包括召回的名称、数量、批次、区域、措施等。

程老师，那到底有没有被曝出的不合格产品没有被企业召回的情况呢？

这种情况是有的。

郭　丹：那程老师，这应该是不符合规定的吧？

不安全食品的召回情况和舆论要求也许不是都相同，有时候报道指出的确实是不安全食品，有时候则未必是，这时候就不需要召回。此外，并非报道了某个品牌的产品不合格，该品牌的所有产品都要下架召回，如果经过安全评估，该品牌产品的其他类别、批次不会有影响，为什么要召回呢？

其实这种时候我们消费者还是要理性对待的。

你说得很对。消费者对于食品企业主动发现问题并召回产品，一般都会以平常心对待。相反，如果把产品召回上纲上线，甚至抓住机会大加批判，那么长此以往，因为互不信任，企业就会趋向于隐瞒、不召回。

郭　丹：这种情况下企业的心理就会变成反正交点罚款也比品牌形象无谓受损好，这样就会造成企业和消费者双输的局面。

不知道您二位有没有注意到，一般像那种因为产品不合格宣布召回的都是一些大企业，有的人就说了，为什么总是这种大家很信任的大企业反倒会出现这种问题呢？

这其实是一个完全错误的认识，其实在食品领域，大企业出事的概率远远低于小企业。原因很简单，你可以去看任何一级工商部门任何一个季度发布的不合格产品信息，里面几十条信息，99%都是小企业的产品，假设某天某地工商部门突出曝出一条大企业产品不合格的信息，那么大家肯定会一拥而上。

对，有道理。因为从媒体的性质来说，大企业具有的新闻价值是不言而喻的。

其实大企业出事的概率远远低于小企业，这是一个不用太费神的常识，你想，因为大企业技术设备更好、人员素质更高、经验更丰富、更注重品牌保护，无论怎么说食品安全的保障能力都更强。我们更关注大企业当然也有道理的，因为他们的产品会影响更多人，但也别认为大企业就是更大的"敌人"。

这也就是我们在节目当中，经常会提醒电视机前的观众朋友们，要购买大厂家的产品来避免不必要的健康风险。

安全提示

大企业技术设备更好、人员素质更高、经验更丰富、更注重品牌保护，食品安全的保障能力要比一般小企业强，所以大企业出事的概率远远低于小企业。

郭　丹：没错。但是这种也是相对而言的，大企业相对来说会更加安全保险一些。你知道吗，其实企业是可以参与国家标准的制定的。

不对啊，标准不是用来管束企业的吗？为什么他们还可以参与制定国
标呢？

其实你的担心也是大多数消费者所关心的。在《食品安全
国家标准管理办法》中，规定"择优选择具备相应技术能
力的单位承担食品安全国家标准起草工作"，又规定"提
倡由研究机构、教育机构、学术团体、行业协会等单位组
成标准起草协作组共同起草标准。"也就是说，企业具有
起草的资格。

郭　丹：也就是说企业是具有起草资格的，但是并不参与标准的
审定。

是的。在很多行业里，行业龙头企业的科研能力、行业经
验都是不容忽视的，甚至领先于教育机构、科研机构，有
一些国标本身就是随着行业企业发展而诞生，或是从企业
标准、行业标准发展而来的，将企业完全排除出去不现
实，也不合理。

牛奶和酸奶到底
有何不同？

　　我们都知道奶制品对人体十分重要，从出生到成年，奶制品给我们提供了大量人体所需的能量，这主要得益于奶制品含有丰富的蛋白质、钙质、维生素等。在众多奶制品当中，牛奶与酸奶就是最好的代表，有人喜欢酸奶、有人偏爱牛奶，有的喜欢各种酸奶饮料……尤其是女性更喜欢喝酸奶，不仅养颜还能减肥，任谁会不爱呢？那么鲜牛奶与纯酸奶，到底哪一个更好？到底谁的营养价值更高，谁的保健功能更全呢？

　　牛奶和酸奶到底哪个好，相信很多人都有这样的疑问，不论是从营养还是热量，又或者是它们的保健功效，牛奶和酸奶又是否存在差异呢？可能我们周围有些人存在乳糖不耐受的情况，那么究竟是酸奶还是纯牛奶更适合饮用呢？

　　现在市面上有很多"酸奶饮料"，喝起来并没有那么稠，但是又有奶的口感，那这个"酸奶饮料"的营养价值到底怎么样？很多人平常生活当中都有饮用牛奶或是酸奶的习惯，那么牛奶和酸奶的最佳饮用时间又是什么时候呢？奶制品该如何正确饮用才能够保证其中的营养能够被最大化吸收而不至于流失呢？接下来我们为您一一解答。

程老师，说到"奶"，大家是再熟悉不过了，第一反应肯定是营养丰富，味道淳美，早上起来喝一杯新鲜的牛奶，仿佛能让人一整天都精力充沛。

是的，不管是酸奶还是牛奶，乳制品确实可以为人体提供优质且丰富的钙质，也是蛋白质、维生素 A、维生素 D 和维生素 B 族的好来源。

程老师，您这说到牛奶和酸奶了，我听说在西方国家，几乎人人都有喝牛奶的习惯。一是因为奶源丰富，二是牛奶对他们来说不是作为"补充营养"的高档食品存在，而是人们的常规食品。在新西兰，平均每人都有一头奶牛。而像我和我的很多朋友，平常是比较喜欢喝酸奶的。程老师，我想知道，牛奶和酸奶到底哪个对身体更好呢？

牛奶和酸奶到底哪个好，我想很多人都有这样的疑问，我们可以从以下四个方面来看：首先是营养。酸奶和牛奶在营养方面的差异其实不是很大，就像我刚才说得，它们都是钙的最佳来源。酸奶和牛奶都是蛋白质、维生素 A、维生素 D 和维生素 B 族的好来源。

那意思是我们从牛奶和酸奶都可以获得所需的营养。

是的。从营养层面来讲，可以完全根据个人喜好选择。

那第二个方面呢？

第二个方面是热量。酸奶要比牛奶热量稍高，因为酸奶加入了 7% 的糖。全脂加糖酸奶热量为 240kcal/100g，全脂无糖酸奶 190kcal/100g。

那热量还是蛮高的。

牛奶中含有的是乳糖和半乳糖，而对于中国部分人来说，存在乳糖不耐受的现象，而酸奶中的乳酸菌可以将乳糖部分分解成乳酸，因而，乳糖不耐受的人可以安心食用酸奶来获取乳制品中的营养物质。

我就有乳糖不耐受，喝了牛奶以后肚子就会不舒服，而喝了酸奶却没事。

我们都知道，奶对我们的身体健康是有一定的促进和保健作用的。从保健效果来说，酸奶有调节免疫、预防肠道感染疾病、改善胃肠功能的作用，是世界公认的健康食品。因为酸奶中含有大量活的乳酸菌，在经过了胃液和各种消化酶的作用后，仍会有一大部分活菌抵达肠道，乳酸菌具有一定的益生菌功效，有助于帮助消化和恢复肠道正常菌群。

嗯，酸奶有助于消化，这个我是知道的，而且酸奶更容易被吸收，而牛奶则不容易被彻底吸收。

说得很对！这些都是酸奶中乳酸菌的功劳。

程老师，您刚才说了营养、热量和保健功效三个方面，那还有哪些方面的比较呢？

还有一个方面就是我们当代人关注度很热的，特别是女孩子。

程老师，您这一说，是不是指减肥。

回答正确！现在很多人都很愿意去减肥，不管胖不胖都会去减肥。那从减肥这个方面来说呢，两者都很好。轻微饥饿时喝一杯牛奶或酸奶可以有效缓解迫切的食欲，可减少下一餐的进餐量，但饭后喝都没有减肥效果。

程老师，那这样比较的话，其实牛奶和酸奶在营养方面并没有太大的差别，而酸奶更加有益于营养的消化吸收。

你要知道，酸奶的原料就是牛奶，鲜牛奶经巴氏法消毒后加入有益的乳酸菌，再经发酵作用而制成发酵的乳制品。经过这样的加工后，不仅促使人体对牛奶中的营养成分的消化吸收大大增加，而且具有很好的保健功能。

那我以后就继续加强喝酸奶了！

王君，一定要记住量的要求。凡事过犹不及，过量的酸奶也会对肠胃造成一定的损失，需特别注意。乳酸菌能够抑制很多细菌，但同时也破坏了人体内部有益的细菌，如果长期大量饮用酸奶，会影响人体自身系统的完善，可能对正常消化功能造成干扰，对患有肠胃炎的人群更加不利。

程老师，我再请教您一个问题。

嗯，你说！

现在市面上有很多"酸奶饮料"，喝起来并没有那么稠，但是又有奶的口感，那这个"酸奶饮料"的营养价值怎么样？

那些所谓的酸奶饮料跟酸奶的营养价值差距是很大的，我们要知道，酸奶的本质是牛奶，而酸奶饮料的本质是饮料，它是由粉、糖、乳酸或柠檬酸、苹果酸、香料和防腐剂等加工配制而成的。酸奶里最重要的就是乳酸菌，它能够分解出对人体有益的物质，能够促进营养吸收和调节胃肠功能，但一般酸奶饮料里只有乳酸，是没办法发挥乳酸菌功能的。两者的蛋白质含量差别也很大，酸奶约为 2.7% 到 2.9%，酸奶饮料则在 1% 以下，喝酸奶饮料，对于补充人体营养是没有太积极意义的。

也就是说酸奶饮料它的本质是饮料，并不能有效地补充人体所需的营养。程老师，那在牛奶和酸奶的日常饮用方面，您有没有什么建议要给我们电视机前的观众朋友。

 首先，我想给大家的建议是，牛奶和酸奶在最佳饮用时间上的不同（图 4-1，图 4-2）。

牛奶的最佳饮用时间：

1. 运动后喝适量的牛奶

2. 睡觉之前喝牛奶有助于睡眠

3. 吃完饭两小时后，配合蜂蜜一同饮用

图 4-1　牛奶的最佳饮用时间

酸奶的最佳饮用时间：

1. 晚上喝酸奶最补钙

2. 使用电脑后喝酸奶防辐射效果最明显

3. 午后喝酸奶最补充精力

4. 饭后喝酸奶对肠胃最好

图 4-2　酸奶的最佳饮用时间

 最后，我还要补充一点，牛奶和酸奶都不建议空腹食用。牛奶中含有大量的蛋白质，空腹饮用，蛋白质将"被迫"转化为热能消耗掉，起不到营养滋补作用。正确的饮用方法是与点心、面饼等含面粉的食品同食，或餐后两小时再喝。而在空腹时喝酸奶，乳酸菌很容易就会被胃酸杀死，其营养价值和保健作用就会大大降低。

安全提示

牛奶和酸奶都不建议空腹食用！正确的饮用方法是与点心、面饼等含面粉的食品同食，或餐后两小时再喝。

 相信您听了程老师的讲解一定学到了不少的知识，以后外出选购酸奶或是纯牛奶的时候，再也不用纠结该选哪种乳制品了！谢谢程老师。

益生菌和乳酸菌

　　我们都知道，酸奶是以牛奶为原料的、适合人类饮用的健康营养保健品，有降血压、促消化、预防便秘等功能。酸奶长期以来受到我们的关注和喜爱，是因为里面含有大量的益生菌。酸奶有着调节免疫、预防肠道感染疾病、改善胃肠功能的作用，是世界公认的健康食品。这主要是因为酸奶中含有大量活的乳酸菌，在经过了胃液和各种消化酶的作用后，仍会有一大部分活菌抵达肠道，乳酸菌具有一定的益生菌功效，有助于帮助消化和恢复肠道正常菌群。所以酸奶有助于消化，更容易被吸收，这些都是酸奶中乳酸菌的功劳。

　　人体肠道内乳酸菌拥有的数量，随着人的年龄增长会逐渐减少，当人到老年或生病时，乳酸菌数量可能下降 100～1000 倍，直到老年人临终完全消失。那么您知道益生菌与乳酸菌究竟有什么不同吗？是不是所有的乳酸菌对人体来说都是有益的呢？益生菌与乳酸菌对人体健康又分别有着怎样的意义呢？本期节目我们来为您答疑解惑。

程老师，之前有朋友问我，"嘿，知道益生菌吗？"我说，"当然，酸奶里就有啊！调节肠道菌群的。"接着她又问"那乳酸菌呢？""呃，这俩不是一个东西吗……"我瞬间就懵住了，益生菌乳酸菌，乳酸菌益生菌，它们是一家人吧？最起码也该是近亲吧？

只有活的，有足够数量并对宿主有益的微生物菌种，才能称之为益生菌。乳酸菌是指能从葡萄糖或乳糖的发酵过程中产生乳酸的细菌的统称，是一种广泛存在于人类肠道内的益生菌。

我突然想起一则广告，说酸奶里的益生菌可以活着直达肠道。程老师，那这个益生菌对人的身体健康有什么作用呢？

益生菌可以说是人体健康的守卫者，它的功能是很多的：首先，它能够平衡肠道菌群，使其恢复正常的pH，有效地缓解腹泻症状；第二，它可以预防生殖系统感染；第三，它可以通过刺激肠道内的免疫功能，将过低或过高的免疫活性调节至正常状态，增强人体免疫力；第四，益生菌可以抑制有害菌在肠内的繁殖，减少毒素产生，促进肠道蠕动，从而提高肠道功能，改善排便状况；第五，保肝，它可以调节肠道菌群的平衡，肠道菌群紊乱会导致脂肪肝的发展，所以适量应用益生菌对于脂肪肝的改善是有好处的，但是一定要在医生的指导下应用；最后一点是，降低血清胆固醇，还有助于防止骨质疏松。

程老师，益生菌有这么多的好处！

需要注意的是，"益生菌"只是一个类似"好人"的概念，有无数的细菌可以称为"益生菌"，而每一种都不相同。其实，益生菌的功能必须是"特定菌株""特定剂量""连续食用""活细菌"才能实现。前面的那条广告，"活着到达肠道"其实是不完善的，益生菌发挥益处的方式不仅仅是活着到达肠道，它还可以产生益生元。

益生元？

是的，益生元是一种不易被消化的可食用物质，通过选择性地刺激肠道中有益细菌的生长来促进益生菌的增殖，号称是益生菌的"粮食"，从而对宿主产生有益的影响。益生菌起到保健效果不一定非亲自冲锋陷阵，只要分泌益生元就可以起到不错的效果。

您的意思就是即使益生菌不能活着到达，也可以起到保护我们身体健康的作用？

是的。有研究显示，到达肠道的益生菌即使不幸阵亡，也能黏附在肠道上，让致病微生物失去落脚点（图5-1）。

图 5-1 到达肠道的益生菌

益生菌好神奇呀！我以后更要多喝酸奶！

但是，益生菌看似神奇，但它终究是外来的，起到的作用主要是调节肠道菌落。而真正起作用的还是要靠我们自身健康的肠道菌落。在这里也要提醒我们的观众朋友，酸奶虽好，但不能"贪杯"。它只是美味佳肴的点缀。不能成为一日三餐的必需品。

安全提示

益生菌起到的作用主要是调节肠道菌落，而真正起作用的还是要靠我们自身健康的肠道菌落。酸奶虽好，但不能"贪杯"。

这就是我们一直说的要注重"量"的把控。

像胃酸过多的人、胃肠道手术后的病人、心内膜和重症胰腺炎患者不宜多喝益生菌酸奶。健康的成年人每天喝一瓶，大概 100ml 就可以满足人体所需。

我们都知道酸奶是以牛奶为原料的、适合人类饮用的健康营养保健品，有降血压、促消化、预防便秘等功能。酸奶长期以来受到我们的关注和喜爱，是因为里面含有大量的益生菌。

通常的酸奶由两种特定的乳酸菌菌种来发酵：保加利亚乳杆菌和嗜热链球菌（图 5-2）。这两种细菌通常也被当作益生菌，不过功能并不算强大，尤其是它们抵抗消化液的能力并不强，能够安然到达大肠的比例并不大。并且乳酸菌里部分菌种是益生菌，例如双歧杆菌、乳杆菌菌株等，常常被添加于益生菌的产品中。

图 5-2　发酵酸奶的乳酸菌菌种

那我们人体内，乳酸菌的肠道数量，有着怎样的变化呢？

人体肠道内乳酸菌拥有的数量，随着人的年龄增长会逐渐减少，当人到老年或生病时，乳酸菌数量可能下降 100 倍 ~ 1000 倍，直到老年人临终完全消失。在平时，健康人比病人多 50 倍，长寿老人比普通老人多 60 倍。因此，人体内乳酸菌数量的实际状况，已经成为检验人们是否健康长寿的重要指标。国际上公认的乳酸菌被认为是最安全的菌种，也是最具代表性的肠内益生菌，人体肠道内以乳酸菌为代表的益生菌数量越多越好。

乳酸菌对我们人体有着怎样的意义呢？

首先乳酸菌的生理功能主要有以下几点：①防治有些人种普遍患有的乳糖不耐症（喝鲜奶时出现的腹胀、腹泻等症状）；②促进蛋白质、单糖及钙、镁等营养物质的吸收，产生维生素 B 族等大量有益物质；③增加肠道有益菌群，改善人体胃肠道功能，恢复人体肠道内菌群平衡，形成抗菌生物屏障，维护人体健康；④抑制腐败菌的繁殖，消解腐败菌产生的毒素，清除肠道垃圾。

这就是我们平时所说的促进肠道的蠕动吧。好的，非常感谢程老师。

常温酸奶和低温酸奶的深度较量

　　乳制品因含有丰富的优质乳蛋白而受到消费者喜爱，但大多数中国人有不同程度的乳糖不耐受，因此酸奶成为很多人的首选。通常的酸奶由两种特定的乳酸菌菌种来发酵：保加利亚乳杆菌和嗜热链球菌，这两种细菌通常也被当作益生菌。过去超市的酸奶都是摆在冷藏柜里，最近一两年，以光明莫斯利安、伊利安慕希、蒙牛纯甄为代表的常温酸奶"异军突起"，这些酸奶就是摆放在普通货架上进行售卖。随着网购、海淘的兴起，原装进口酸奶也越来越多。这些酸奶都是常温酸奶，又叫"巴氏杀菌热处理酸奶"，它们到底好不好呢？

　　而且，超市里这些不需要冷藏保存的常温酸奶，价格要比低温酸奶的价格高很多，如果没有低温储藏条件的话，就可以选择常温酸奶。常温酸奶其实为我们的生活提供了极大的方便，比如上学的学生，一般学校没有配备冰箱，还有就是那些老人和恢复期的病人，喝常温酸奶更容易消化，对肠胃刺激会小一些。那么这种常温酸奶到底是一种什么样的酸奶？它的营养价值和需冷藏的酸奶孰高孰低？我们又该如何选择呢？

程老师，我们都知道乳制品是很受大家喜爱的，因为人们可以从中获得丰富的优质乳蛋白和其他营养需要。特别是酸奶，我们平常逛超市，会看到各种各样的酸奶占满了奶制品区。

柏敏华： 我平时就非常喜欢喝酸奶，去超市总要买一些来喝。

为什么酸奶这么受欢迎呢，一部分人是因为它口感好、营养价值高，还有一部分人是因为我们前面说到过的一个"乳糖不耐受"的现象。而酸奶当中乳酸和钙结合形成乳酸钙，不仅极易被人体吸收，也适于那些"乳糖不耐受"的人群选用。所以酸奶成为很多人的首选。

我们大家都知道，很多酸奶都需要冷藏保存，我们去逛超市的时候，可以看到各式各样的酸奶摆满了冷藏柜。

柏敏华： 另外超市里还有一些不需要冷藏保存的常温酸奶，而且常温酸奶的价格要比低温酸奶的价格高很多，程老师，那这两种酸奶究竟有什么区别呢？

常温酸奶又叫"灭菌型酸奶"，而低温酸奶又叫"活菌型酸奶"，它们的不同之处在于，常温酸奶在经过乳酸菌发酵后，又经过了热处理，杀灭了酸奶中活的乳酸菌，因此，它可以在常温下销售和存放，而低温酸奶里面含有活的乳酸菌，只能在低温下保存。针对这个问题呢，有研究人员做了这样的实验：

首先在市面上买了相同品牌的同一系列的低温酸奶和常温酸奶，常见酸奶中主要的菌种是保加利亚乳杆菌和嗜热链球菌，实验室里特意对酸奶里面的菌种含量有什么区别做了检测。

在显微镜下仔细观察两份样品，可以看到常温酸奶几乎找不到保加利亚乳杆菌，嗜热链球菌也很少，而低温酸奶见到了少量的保加利亚乳杆菌和大量的嗜热链球菌。嗜热链球菌和保加利亚乳杆菌在显微镜下无法证实是否是活的，随后检验人员对酸奶做微生物细菌培植实验，看看他们有什么区别？

经检测，常温酸奶，没有培植出菌种，而低温酸奶的培养皿中保加利亚乳杆菌的菌落总数达到每克 25 万个，嗜热链球菌达到了每克 460 万个。

柏敏华： 也就是说，低温酸奶和常温酸奶最大的区别在于是否含有"活的乳酸菌"。

是的！

程老师，常温酸奶和低温酸奶，最主要的区别就是有没有活性乳酸菌，常温酸奶没有活性乳酸菌的话，因此也就不需要冷藏保存了。那我们都知道这种活性乳酸菌是酸奶最主要的营养成分之一，如此说的话，常温酸奶在营养价值上是不是不如低温酸奶呢？

对此，也有科学人员做过实验研究，结果是常温酸奶的蛋白质、脂肪、钙含量略高于低温酸奶。

我明白了，所以这选购酸奶，还是要根据大家的实际情况来具体选择，如果说想调节一下胃肠功能，全面吸收酸奶当中的营养的话，那就不妨选择冷藏酸奶。

柏敏华： 如果说女孩子，或者是老人比较怕冷，或者是我们在学校上学，没有低温储藏条件的话，那不妨选择常温酸奶。

对，常温酸奶其实为我们的生活提供了极大方便的，比如你们上学的学生，一般学校没有配备冰箱，还有就是那些老人和恢复期的病人，喝常温酸奶更容易消化，对肠胃刺激会小一些。

还有，常温酸奶的安全风险更小，环境适应性更好，出行携带也更方便。对于广大农村和三四线城市的消费者，它提供了一种更加安全可靠的酸奶产品。

柏敏华： 它也是我们"学生奶"的一个很好的选项。

程老师，我们都知道低温酸奶的保质期在 15～21 天，而常温酸奶的保质期可以长达 5～6 个月（图 6-1）。这常温酸奶的保质期这么长，会不会添加了防腐剂呢？

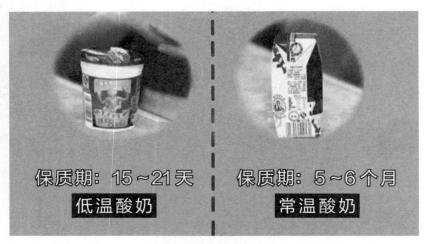

图 6-1 低温酸奶和常温酸奶的保质期比较

柏敏华： 程老师，我也有这个疑问，我仔仔细细查阅了常温酸奶商品包装，发现的确是没有关于防腐剂的字样，那它又为什么能存放长达 5 个月的时间呢？

 是这样的，常温酸奶在制造过程中，经过了巴氏杀菌热处理，杀死了其中的活性乳酸菌，使它们在保存过程中不会再发酵，从而既保持了酸奶的品质稳定，也延长了保质期。

柏敏华： 原来是这样，我们以后喝常温酸奶的时候也更加放心了。

 非常感谢程老师的讲解，所以说常温酸奶和传统酸奶是各有优势的。

🍴
安全提示

低温酸奶的保质期在 15～21 天，而常温酸奶的保质期可以长达 5～6 个月，这主要是因为常温酸奶在制造过程中，经过了巴氏杀菌热处理，从而保持了酸奶的品质稳定，也延长了保质期。

什么样的鸡蛋不能吃？

　　早餐选择鸡蛋，既有营养口感还很不错。据分析，每百克鸡蛋含蛋白质 12.8g，主要为卵白蛋白和卵球蛋白，其中含有人体必需的 8 种氨基酸，并与人体蛋白的组成极为近似，人体对鸡蛋蛋白质的吸收率可高达 98%。每百克鸡蛋含脂肪 11 ～ 15g，主要集中在蛋黄里，也极易被人体消化吸收，蛋黄中含有丰富的卵磷脂、固醇类、蛋黄素以及钙、磷、铁、维生素 A、维生素 D 及 B 族维生素。这些成分对增进神经系统的功能大有裨益，因此，鸡蛋又是较好的健脑食品。

　　所含的热量，相当于半个苹果或半杯牛奶的热量，但是它还拥有 8% 的磷、4% 的锌、4% 的铁、12.6% 的蛋白质、6% 的维生素 D、3% 的维生素 E、6% 的维生素 A、2% 的维生素 B、5% 的维生素 B_2、4% 的维生素 B_6，这些营养都是人体必不可少的，它们起着极其重要的作用，如修复人体组织、形成新的组织、消耗能量和参与复杂的新陈代谢过程等。

　　《舌尖上的安全》第一册书中讨论过鸡蛋的正确蒸煮时间以及红皮鸡蛋和白皮鸡蛋哪一种更有营养的话题，鸡蛋营养丰富热量低，可是您也得小心了，有一种鸡蛋是万万不能入口的，到底是什么样的鸡蛋不能吃呢？我们来为您揭晓答案。

程老师，您今天早上吃的什么早餐？

嗯？早上吃的包子、鸡蛋、米汤啊。

哈哈，您这早餐还挺丰盛的。那说起这鸡蛋您是每天都吃吗？

也不是每天吧，一星期三四个早晨有鸡蛋吧。

嗯，吃鸡蛋，相信是很多朋友的早餐选择，不少人都有每天吃一个鸡蛋的习惯，我们之前也说过，经常吃鸡蛋对我们的身体也是有好处的。但是你听说过有的鸡蛋不能吃吗？我们一起来看一下。

这名女士的鸡蛋一打开，蛋黄就混合着蛋清，一股脑儿的倒了出来。有经验的观众都知道这鸡蛋不新鲜了。不过这怪事在蛋壳里。里面全是那种小泡泡。仔细看，这鸡蛋壳里面起好多像水泡一样的疙瘩。这名女士买的一整盒鸡蛋都起了这样的水泡，蛋黄散开，没有异味。

会不会是里面滋生了什么虫子卵啊？我以前也遇到过这样的情况，就是鸡蛋打开以后，蛋黄和蛋清不是分明的那种了，那这种鸡蛋会不会就是病菌鸡蛋？如果吃下去会有怎样的危害呢？

我们最担心的是一些病菌会通过这个裂纹进入鸡蛋内部，最可怕的是它在里面产生一些虫卵，最要命的是沙门菌等，轻者会拉肚子，就是食物中毒，严重也可能造成生命的危险。

生活中，你发现鸡蛋有细小的裂纹（图7-1），尤其是在冬天，这样的被冻伤的鸡蛋更常见。虽然暂时不会有异味，颜色也不会有大的变化，但是却有滋生寄生虫和沙门菌这类微生物的风险。

图 7-1　有裂纹的鸡蛋

嗯，很多电视机前的观众可能以前也遇到过这样的情况，但大多数可能只是觉得鸡蛋不新鲜了，但是舍不得扔，仍然还会食用，看了节目之后，今后大家得注意了，这样的鸡蛋还是不要吃了，因为里面有滋生病菌和虫卵的风险。其实，别看鸡蛋是我们熟知的食物，但是有好几种鸡蛋吃了之后反而会起不好的作用。

安全提示

鸡蛋有细小的裂纹是被冻伤的表现。虽然暂时不会有异味，颜色也不会有大的变化，但是却有滋生寄生虫和沙门菌这类微生物的风险。

没错。比如，我们俗话说的死胎蛋：鸡蛋在孵化过程中因受到细菌或寄生虫污染，加上温度、湿度条件不好等原因，导致胚胎停止发育的蛋称死胎蛋。这种蛋所含营养已发生变化，如果时间再长一点，蛋白质被分解会产生多种有毒物质，不宜食用。

臭鸡蛋：这种鸡蛋蛋壳乌灰色，甚至蛋壳破裂，而蛋内的混合物呈灰绿色或暗黄色，并带有程度不同的臭味，这种鸡蛋就不能食用了。还有散黄蛋：因运输等激烈震荡，蛋黄膜破裂，造成机械性散黄；如果存放时间过长，被细菌或霉菌经蛋壳气孔侵入蛋体内，而破坏了蛋白质结构造成的散黄，蛋液稀薄混浊。若散黄不严重，无异味，经煎煮等高温处理后仍可食用，但如细菌在蛋体内繁殖，蛋白质已变性，有臭味就不能吃了。还有粘壳蛋，这种蛋因储存时间过长，蛋黄膜由韧变弱，蛋黄紧贴于蛋壳，如果有异味者，就不建议再食用。还有霉蛋：有的鸡蛋遭到雨淋或受潮，会把蛋壳表面的保护膜洗掉，使细菌侵入蛋里面发霉变质，致使蛋壳上有黑斑点并发霉，这种蛋也不宜选购食用。

也就是我们经常见的像死胎蛋，臭鸡蛋，还有刚才说到的裂纹蛋、散黄蛋、粘壳蛋、霉蛋都是不宜选购食用的鸡蛋。那鸡蛋作为我们饭桌上的常客，应该怎样挑选好的鸡蛋？而且怎样吃鸡蛋才健康呢？您给我们支支招。

这第一招就是仔细看裂纹，有的冻伤裂纹会比较明显，仔细看还是能发觉的；第二招就是摇晃一下，把鸡蛋拿起来摇一下，我们听着里面有声音，那么这种鸡蛋我们建议不要购买；第三招，也是最显而易见的，鸡蛋变质就会发乌发暗，就没有新鲜的亮泽感，如果是新鲜的鸡蛋，蛋壳会比较鲜亮，而且没有发乌的感觉。只要掌握了这三招，买到的鸡蛋应该没什么大问题，尤其是现在超市的鸡蛋会经过严格的分拣，所以大家还是不用担心的。

嗯。不过大家在挑选的时候还是多留意点儿吧。如果买下了问题鸡蛋还是不要食用了，以免造成不必要的麻烦。那买回来的鸡蛋应该怎样保存呢？

对，这也是我要强调的。由于蛋黄的比重小于蛋白，选择将鸡蛋的大头向上，小头朝下，直立存放，即使蛋白变稀，也不会很快发生散黄和贴皮现象。这样既可防止微生物侵入蛋黄，也有利于保证蛋品的质量。新鲜的鸡蛋是有生命的，它需要不停地通过蛋壳上的气孔进行呼吸，因此具有吸收异味的功能。如果在储存过程中与大蒜、韭菜等有特殊气味的食物混放，那么鸡蛋就会出现异味，影响食用效果。

保存过程中鸡蛋也需要"呼吸"，向外蒸发水分，用塑料盒保存，盒内不透气，里面的环境潮湿，会使蛋壳外的保护膜溶解失去保护作用，加速鸡蛋变质，要注意。鸡蛋也不能用水洗，蛋壳外的保护膜是水溶性的，水洗会破坏保护膜。平时可买干净的蛋，或者买普通鸡蛋在冷藏室里隔开存放，避免交叉污染。在温度 2～5℃下，鸡蛋可以保存 40 天，在冬季室内可以保存 15 天左右，夏季室内常温下鸡蛋可以保存 10 天左右。鸡蛋超过保质期，新鲜程度和营养成分都会受到影响。在这里提醒大家，鸡蛋不要一次买太多，够一周吃就行了。

安全提示

鸡蛋最好不要用塑料盒保存，也不能用水洗。平时可买干净的蛋，或者买普通鸡蛋在冷藏室里隔开存放，避免交叉污染。

鸡蛋的保存其实也是有技巧的。鸡蛋的营养价值是众所周知的，有人叫它世界营养早餐、理想的营养库、最优质的蛋白等等。其实，水煮蛋、荷包蛋、炒鸡蛋不同的做法对它的营养吸收有着很大的影响。那程老师，您现在就给我们讲讲要想吸收最多的蛋白质、补充营养，哪种鸡蛋的做法最好。

嗯。其实最好的办法也是我们最熟知的，就是带壳水煮蛋。不加一滴油、烹调温度不高、蛋黄中的胆固醇也没接触氧气，这也是比较好的吃法。有的研究资料表明，水煮蛋的蛋白质消化率高达 99.7%，几乎能全部被人体吸收利用。虽然鸡蛋的做法有很多种，但是水煮蛋是比较好的一种。

水煮蛋，简单也快捷，大家也基本都可以操作。虽然鸡蛋的营养价值这么高，我却听说鸡蛋每天不能超过一个，否则人体内的胆固醇会升高，是这样的吗？

其实普通人一天吃 1～2 个是不会有什么影响的。虽然蛋黄胆固醇高，但其还富含另一种营养素卵磷脂，它有助于改善血流状态，减少坏胆固醇和脂肪对血管壁的损害，可促进血管壁粥样硬化斑的消退，真可谓"血管清道夫"。据目前所知，禽蛋蛋黄中所含卵磷脂在所有食物中最高。另外，人体血中胆固醇 80%～90% 是人体自身肝脏合成的，只有 10%～20% 来自于食物，食物中的胆固醇并不等同于人体中的胆固醇。当然，还是那句话，吃什么都要适量。

嗯，鸡蛋虽然好，可是也不要贪食啊。为了咱自己的身体健康，就要把今天程老师给我们讲的这些知识和建议您都记住。

皮蛋长斑
背后的秘密

松花皮蛋，又称皮蛋、变蛋、灰包蛋等，是一种中国传统风味蛋制品。口感鲜滑爽口，色香味均有独到之处。松花蛋不仅为国内广大消费者所喜爱，在国际市场上也享有盛名。经过特殊的加工方式后，松花蛋会变得黝黑光亮，上面还有白色的花纹，闻一闻则有一种特殊的香气扑鼻而来，是益阳人民喜欢的美食之一。

松花蛋，不但是美味佳肴，而且还有一定的药用价值。王士雄《随息居饮食谱》中说："皮蛋，味辛、涩、甘、咸，能泻热、醒酒、去大肠火，治泻痢，能散能敛。"中医认为皮蛋性凉，可治眼疼、牙疼、高血压、耳鸣眩晕等疾病。

加工松花蛋时，要将纯碱、石灰、盐、黄丹粉按一定比例混合，再加上泥和糠裹在鸭蛋外面，两个星期后，美味可口的松花蛋就制成了。另外，因为松花蛋的蛋黄中有很多蛋白质分解变成了氨基酸，所以松花蛋的蛋黄吃起来比普通鸡蛋的蛋黄鲜得多。松花蛋较鸭蛋含更多矿物质，脂肪和总热量却稍有下降，它能刺激消化器官，增进食欲，促进营养的消化吸收，中和胃酸，清凉，降压。具有润肺、养阴止血、凉肠、止泻、降压之功效。此外，松花蛋还有保护血管的作用。同时还有提高智商，保护大脑的功能。

很多人认为松花蛋里含铅，所以买无铅松花蛋的时候都会选择无铅工艺制作的皮蛋。本期节目带您了解松花蛋背后的秘密。

程老师，您看这天气也慢慢暖和了起来，都说"春困秋乏"，这个季节容易犯困，食欲也就变得不是特别好，可是有一样食物可是能让我们的胃振奋不少，既能凉拌又能煮粥，你猜猜是啥？

别让我猜了，您就告诉我吧。

程老师，我说的是皮蛋！像凉拌皮蛋、皮蛋豆腐、皮蛋瘦肉粥，样样都是我的最爱啊！您说这么诱人的美味到底是怎么发明出来的！

咱先说说这皮蛋是怎么来的。相传在明代泰昌年间，在江苏吴江县的一家小茶馆，店主养了几只鸭子，爱在炉灰堆中下蛋，有一次，店主人在清除炉灰茶叶渣时，发现了不少鸭蛋，他以为不能吃了，谁知剥开一看，里面黝黑光亮，上面还有很美的白色花纹，闻一闻，一种特殊香味扑鼻而来；尝一尝，鲜滑爽口，这就是最初的皮蛋。

噢，怪不得英文的皮蛋叫 Ming Dynasty egg（明朝蛋），原来是明朝的传说，那程老师，我看到皮蛋英文除了叫 Ming Dynasty egg（明朝蛋）以外，还有 Hundred-year（百年蛋）、century egg（世纪蛋）、thousand-year egg（千年蛋）等翻译，这是怎么回事？

其实皮蛋在中国古代还有一个颇具禅味的称呼——混沌子。西方人看不懂中国博大精深的饮食文化，认为一定储存很长时间才使得蛋变黑，所以英语称为"百年蛋"或"千年蛋"，一直到现在也是这么称呼。

既然皮蛋流传了这么久，我觉得肯定是好东西啊！可是前几天我却在网上看到有人说皮蛋含铅量很大，而且还说皮蛋是"十大致癌食品"之一。铅，我们在以前的节目当中也讲到过，它可是重金属啊！

这就有点过分夸张了。皮蛋的确含铅，之所以会有人说它含铅量大，是因为最初皮蛋的做法是利用蛋在碱性溶液中使蛋白质凝胶的特性，使之变成富有弹性的固体。盐、茶以及碱性物质，如生石灰、草木灰、碳酸钠等成为腌制皮蛋的辅助材料。为促使蛋白质凝固，在制作皮蛋的过程中，其原料中也含有氧化铅和铅盐。

原来皮蛋在制作的过程当中是会用到含铅的东西的，程老师我比较好奇啊，您说皮蛋表面的那些黑色的斑点是不是就是重金属呢？

皮蛋表面或大或小或多或少都会有斑点，这些黑色斑点是鸡蛋中蛋白质分解产生的硫元素和金属离子反应的结果。而且在这儿我要提醒观众朋友们，买皮蛋的时候要注意看一看，一般如果您看到皮蛋表面的斑点比较多也比较大，那这种皮蛋就有可能含重金属比较多，建议您还是不要买了。

安全提示

买皮蛋的时候如果看到皮蛋表面的斑点比较多也比较大，那么这种皮蛋有可能含重金属比较多，建议您最好不要购买。

这个小妙招不错啊！电视机前的您一定要记住了。

在这儿我还要强调的一点是，国家食品药品监督管理局从 2015 年 12 月份发布了有关皮蛋的国家标准 GB/T 9694—2014，替代了原来的 GB/T 9694—1988（图 8-1），取缔了采用黄丹粉制作皮蛋的传统工艺，改用硫酸铜等作为加工助剂来生产。

ICS 67.120.20
X 18

中华人民共和国国家标准

GB/T 9694—2014
代替 GB/T 9694—1988

图 8-1　皮蛋的国家标准

程老师，我注意到超市里也卖那种无铅皮蛋，这种是不是就是采用新工艺制成的皮蛋，它应该就不含铅了吧？

王君你一定要记住，无铅皮蛋并不说明这个皮蛋一点铅都没有，这两者是不等同的。

您的意思是说，这种无铅皮蛋其实也是含铅的，对吗？

是的。我给你看一个人民网的调查报告。这个报告选取了超市、菜市场、批发市场的来自不同产地的"无铅皮蛋"，既有品牌盒装的，也有散装的。使用快检的方法对皮蛋的铅含量进行实验了测试。实验结果显示，这 5 种"无铅皮蛋"都检出了微量的铅，大约在 0.2mg/kg 这个范围，但都在国家限定的标准 0.5mg/kg 范围内，并没有超标。可以说，这些皮蛋的铅含量是极其微量的，消费者不用过于担心。

既然已经采用了无铅工艺，皮蛋中为什么还会检出微量铅？

无铅工艺是指在皮蛋加工的过程中不使用铅化合物，无铅皮蛋并不代表皮蛋完全无铅。因为我们生活的自然界中，空气、土壤、水中都会含有微量的铅，皮蛋绝对无铅几乎是做不到的，只要不是人为过量添加的铅就行。实际上，根据我国标准规定，铅含量低于 0.5mg/kg 的皮蛋，就可以称为"无铅皮蛋"了。

原来是这样。程老师，那是不是这种无铅皮蛋可以放心食用了？

我们以前讲过，食品可分为鼓励经常食用、适量食用、限制食用，那么"无铅皮蛋"可以作为"适量食用"的食品，对成人来说，每个星期吃一次，没有问题。现在皮蛋已广泛推广无铅工艺，"适量食用"是安全的，大家不必过于焦虑。

但是孕妇和儿童，对铅的吸收率比普通人群要高一些，普通人群对铅吸收率只有 10% ~ 15%，而孕妇和儿童是其 3 倍 ~ 5 倍，吸收率可高达 50%。

所以孕妇和儿童还是要注意的是吧？

是的，孕妇和儿童如果少量吃完全合格的皮蛋，问题不大，但万一买到不是无铅工艺加工的皮蛋，风险就会很大。为降低风险，建议这两类人群对皮蛋还是应"限制食用"为好，少吃或者不吃。

我还要强调一点的是，皮蛋性寒，味辛、涩、甘、咸，含有很多碱性物质，食用后会很快中和胃酸，从而降低胃液对胃的屏障保护作用，影响人体对食物的消化吸收，孕妇、老人和儿童建议少食用。

嗯，即使皮蛋这样的美味我们也还是要讲究方法，这样才能避免一些可能存在的饮食风险。

你说得没错。皮蛋切开后不要马上吃。因为皮蛋里含有氨气和硫化氢，因此切开后应放置半小时，让其充分挥发一下。

还有就是最好配上姜末、蒜和酱油一起吃，不仅能去腥，还能中和蛋白质中含有的碱性物质，有

安全提示

皮蛋里含有氨气和硫化氢，因此切开后应放置半小时，食用的时候最好配上姜末、蒜和酱油一起吃，有利于重金属排出体外。

效去除碱涩味，有人喜欢放醋，因为醋能够中和溶解皮蛋里的重金属，利于重金属排出体外。

还有就是外出购买皮蛋的时候，一定要注意选择正规合格的产品，要挑选蛋壳完整洁净的皮蛋，这样才能确保自己买到的是放心蛋。

这种粉条要小心！

　　粉条是一种家常食材，尤其是在冬季，粉条在各大菜市场更是销售火爆，烹饪过后的粉条口感爽滑极富弹性，配合猪肉、鸡肉等可以做成可口的美食。不管是涮火锅还是炖菜，样样都离不开粉条。粉条一般都是以红薯、马铃薯等为原料，经磨浆沉淀等加工后制成的丝条状干燥的特色传统食品。中国各地均有各自独特的生产工艺，成品粉条呈灰白色，黄色或黄褐色，按形状可分为圆粉条、细粉条和宽粉条等。以前有"无明矾做不成粉条"的说法，近几年经过专家不断研发，终于打破了这一传统。真空粉条可以通过真空处理即可做到不使用或少量使用无矾食品添加剂即可生产无矾粉条；自熟粉条、汽蒸粉条也有了明矾替代品 - 筋力源，达到真正无矾粉条的国家标准。安全、合法的无矾粉条将是粉条业的发展方向。

　　最近网上流传了一个视频，竟然有人一点淀粉都不用就可以制作出鲜滑爽嫩的粉条，您觉得可能吗？使用工业原料制成的粉条究竟会对人体造成多大的伤害呢？事实的真相又是如何？

程老师，您知道我很喜欢吃火锅！

嗯，知道，这已经不是一个秘密了！但是，我知道你今天聊的一定不是火锅！

对喽！您看咱们市场上就有各式各样的粉条，有宽粉、细粉、土豆粉、红薯粉、绿豆粉还有玉米粉，粗细有别，使用的原材料也不一样，颜色也不一样。

看来咱今天是要聊聊这粉条了。

是的，对于爱好烹饪的我来说，粉条绝对是个好食材，像咱刚才说的火锅里可以涮着吃，还可以拿来炖个大烩菜，猪肉炖粉条，肉末粉条，爽滑可口，道道都是美味啊！

是的。粉条可以说是北方人非常喜欢的主要食材之一，一般都是用淀粉制作而成。在我们山西省吕梁地区，不少的家庭主妇都会自制粉条。

是的，尤其冬天应季的蔬菜品种比较少，粉条自然也就成了烹饪的主要食材之一，我个人就很喜欢拿来做菜。可是程老师，最近网上有人爆料说有黑心商贩为了节约成本竟然一点淀粉都不用就可以做出粉条！我就纳闷了，您说一点淀粉都不用怎么能做出粉条呢？

是的，的确存在这样的情况，他们在生产这种粉条的时候根本不用淀粉等食品原材料，而是以六偏磷酸钠、海藻酸钠、工业明胶为原料，将其按一定比例倒入搅拌罐后加热水搅拌（图 9-1），黏液通过橡胶管流到筛子上，从而成为粉条状，再经传送带拉长，随后截断就成了"粉条"。然后这些"粉条"运到水泥池内凉水冷却，同时大量添加工业甲醛等防腐剂，也就是说，这种"粉条"完全由工业化学材料制成，是不折不扣的"工业粉条"。

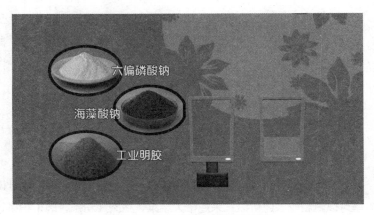

图 9-1　"工业粉条"制作原料

真是黑心商贩啊！据说这种毒粉条一般都煮不烂，异常筋道，弹性特别大，那这到底是为什么呢？

这就得提到我们刚刚说到的化学材料之一——工业明胶。工业明胶本身是可溶于水的蛋白质，直接指向性检测难度较大。工业明胶是无法通过色泽、口感等感官指标辨别的，工业明胶滥用背后，则是一条完整的地下产业链——工业明胶和食用明胶使用效果相仿，成本却低出近 4 倍以上，因此不少"黑窝点"用工业明胶给食品增加弹性口感，最终产品一般以皮冻、粉丝、凉皮等最为多见。

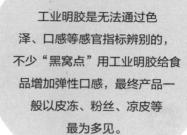

肉眼辨别不出来，那毒粉条中是否使用了工业明胶可以检测出来吗？

其实目前国内对食品中违规添加工业明胶尚无明确检测标准，不过由于其在皮革加工处理过程中多使用含铬鞣制剂，因此业内通常在实验室通过专业设备测定铬离子含量，以此来判别食品中是否添加工业明胶。

是通过检测铬离子来间接地判断工业明胶的存在。那对于铬离子的检测有什么标准吗？

目前，国家对于使用明胶制造的药用胶囊及食品中的铬离子残留也做出了一定限制标准。如药用胶囊中的铬含量标准是不超 2mg/kg。《食品安全国家标准 食品中污染物限量》（GB 2762—2012）规定，针对谷物、蔬菜、豆制品、肉、水产品等不同种类，铬限量在 0.5 ~ 2mg/kg 之间。

不过，针对铬离子判定的方式，开始有厂家钻空子，试图"蒙混过关"。湖南农业大学与湛江师范学院等学者所著的《快速鉴别工业明胶和毒胶囊》论文指出，仅通过测定铬含量很难识别胶囊等产品中是否添加了工业明胶，"有不少企业钻空子，将铬含量很高的工业明胶与食用明胶勾兑，将铬残留严格控制在国家标准之内"。

而部分厂家也开始以食用明胶勾兑工业明胶的方式降低重金素残留，试图"蒙混过关"，工业明胶滥用、降低铬含量逃避监管，已经成为业内的普遍现象，违规添加现状仍不容乐观。

那如果我们误食了用工业明胶制作的粉条的话，对我们人体会造成什么影响呢？

在工业明胶生产过程中，皮革原料、鞣制剂等原料都可能残留重金属元素、防霉剂、防腐剂，给人体健康造成威胁（图9-2）。

> 重金属铬可呈现二价、三价、六价三种状态，对人体伤害是长期的累积效应。其中六价铬对人体毒害作用最大，会对皮肤黏膜造成刺激和腐蚀作用，导致皮炎、溃疡、咽炎等，严重时引起贫血、肾炎、神经炎等疾病。

图9-2　重金属铬对人体的危害

此外，生产皮革时加入的防腐剂和防霉剂——五氯苯酚有蓄积作用。在人体达到一定量，会使人体重减轻，肝、肾色素沉着，引起肝癌等疾病，中毒后还会因发热和心力衰竭等引起死亡。

安全提示

用工业明胶制作的粉条可能残留重金属元素、防霉剂、防腐剂，会对人体健康造成威胁。

听着都瘆人啊！那程老师，有没有什么小妙招能帮我们电视机前的观众正确识别毒粉条呢？

我要强调的一点是，虽然我们肉眼无法准确识别出粉条里是否掺了东西，但是我要提醒电视机前的观众，食物有他原本的颜色，不要一味地追求看起来漂亮的，这里面很可能加了东西。所以我在这儿首先给大家普及一下常见的各种粉条、粉丝的颜色：正常的粉丝、粉条色泽略微偏黄，接近淀粉原色。

薯类粉条色泽土黄，暗淡不透明；甘薯粉条色土黄，暗淡，过滤不净的呈灰锈色；土豆粉丝微黄色；木薯粉丝灰白色；山芋粉丝是本色淡青灰。在豆类粉丝中，以绿豆粉丝品质最佳，它的颜色洁白光润，呈半透明状；蚕豆粉丝虽也洁白光润，但不如绿豆粉丝细、有韧性；杂豆粉丝外观色泽白而无光，质量与蚕豆粉丝相近。以玉米、高粱制成的禾谷类粉丝、粉条，色泽呈淡黄。

第二点，品质好的红薯粉条，晒干后发脆，手抓易碎，而掺了胶质的粉条则韧劲十足，不易折断。

还有就是点燃粉条，纯红薯粉条点着后会起泡变成白色灰烬，灰烬一捏就碎，混合粉条火烧后则不起泡变成黑色灰烬，手捏有发硬的杂质。粉条买回家后，用热水泡几分钟后，闻一下气味，好的粉条无异味，水也不变色，质量差的粉条常带有霉味、酸味及刺激性气味。

电视机前的您一定要记住程老师教给我们的这几个小妙招，确保自己买到的是质量合格的粉条。

粉丝燃烧的秘密

　　我们在上期节目中探讨了黑心商贩为了节约成本，一点淀粉都不用，而是以六偏磷酸钠、海藻酸钠、工业明胶为原料，将其按一定比例倒入搅拌罐后加热水搅拌，黏液通过橡胶管流到筛子上，从而成为粉条状，再经传送带拉长，随后截断就成了"粉条"。然后这些"粉条"运到水泥池内凉水冷却，同时大量添加工业甲醛等防腐剂，就做成了不折不扣的"工业粉条"。如果人们误食了用工业明胶制作的粉条的话，皮革原料、鞣制剂等原料都可能残留重金属元素、防霉剂、防腐剂，给人体健康造成威胁，严重的会对皮肤黏膜造成刺激和腐蚀作用，导致皮炎、溃疡、咽炎等，严重时引起贫血、肾炎、神经炎等疾病。这样的事实不禁让人唏嘘！

　　最近，《舌尖上的安全》栏目组在微信守护群里收到一条线索，有人说自己买到的粉丝同样也出了问题，断定粉丝是用塑料做的，不敢吃。那么买回来的粉丝竟然能点着究竟是为什么呢？视频当中所说的是不是真的呢？栏目记者进行了点燃粉丝的实验，看看实验结果究竟如何呢？

近日，我们栏目组收到一条线索，有位女士称，超市买的粉丝居然能用打火机点着，而且越烧越旺。这位消费者断定能燃烧的粉丝是用"塑料做的"，且质疑其中含有对人身体有害的添加剂，"让人不敢吃"。此视频一出，在微信、微博等平台广泛流传，迅速发酵。我们《舌尖上的安全》的记者也对此做了调查。

记　者： 观众朋友们大家好，我现在来到了我市的一家超市内，接下来我将在这家超市选取市面上三包不同牌子的"粉丝"，来看看这个塑料粉丝到底是怎么回事。

这就是我们从超市买回来的粉丝，在这些粉丝的包装袋上标有生产许可证，而在它们配料上并没有标注含有添加剂，下面我将把这些粉丝拆开，用火点燃，看看是否会出现视频当中的情况？

我们依次点燃这三包质量检验合格的粉丝，发现全部都能燃烧，并出现明亮的黄色火焰。粉丝在燃烧过程中出现了膨胀，继而转变为一坨黑色的物质，期间还不断冒出白烟并伴有烧糊的味道（图 10-1）。难道它们都是问题粉丝，全是用塑料做的吗？我们的记者带着疑惑采访了山西医科大学管理学院的程景民院长。

图 10-1 正在燃烧的粉丝

粉丝可以燃烧是很正常的现象。根据制作工艺和原料的不同，粉丝的淀粉成分来源有绿豆、豌豆等的区别。但淀粉本身就是一种碳水化合物，而且是有机高分子化合物，故易于燃烧。而品质越好的龙口粉丝，因其纯度好，成分更是只有淀粉和少量水，且成品经过干燥处理，粉丝会有一些中空结构，所以在燃点达到燃烧条件后，自然会烧着。因为其结构中空，燃烧时还会有噼里啪啦的响声出现。所以，粉丝能燃烧，这与粉丝的品质无关。容易点燃的食物通常比较干燥，富含碳水化合物或脂肪。比如面条、粉条、粉丝里面的主要成分就是淀粉，薯片、饼干里除了大量的淀粉还有较多的脂肪，腐竹中的主要成分是蛋白质和脂肪。所以食物能点燃是因为它含有大量可燃物，最主要的是脂肪、蛋白质和碳水化合物，其他的包括醇类、酯类等有机物。

安全提示

粉丝燃烧是正常的现象，与粉丝的品质无关，食物能点燃是因为它含有大量可燃物，最主要的是脂肪、蛋白质和碳水化合物。

看来粉丝可以点燃那纯粹是正常现象。不论从视频里还是我们记者做的实验中，燃烧后的粉丝都留下了灰烬，那这些灰烬又是什么呢？

物质燃烧后如果全部变为气体就会不留痕迹，但食物燃烧后几乎都要留下一些灰烬。这是因为食物中常含有金属离子和无机盐，这些成分无法燃烧，只能残留下来。比如草木灰、动物骨灰含有大量钾盐、钙盐、磷酸盐，因此可以作为肥料，这也是农村烧秸秆、烧荒的原因。另外，由于空气中的氧含量不高，食物内部也很难充分与空气接触，因此燃烧过程并不完全。这样就会产生碳化现象生成黑色残留物，写毛笔字的松烟墨和油烟墨就是这么形成的，烧烤用的无烟碳也是利用的这个原理。

实际上，就在视频发出去不久，中国食品工业协会淀粉及淀粉制品专业委员会也针对该视频发表了声明，对粉丝燃烧现象进行了说明，"该视频已严重误导了消费者，目前还在持续"，宣称已联合相关企业报案，全力追查谣言散布者并将严肃追究其法律责任。那我们在日常生活中应当如何挑选粉丝呢？

　　1. 色泽鉴别法　对粉丝、粉条色泽的感官鉴别时，可将产品在亮光下直接观察。

　　①良好的粉丝、粉条应是色泽洁白，带有光泽；②较差的粉丝、粉条色泽稍暗或微泛淡褐色，微有光泽；③劣质粉丝、粉条存有色泽灰暗，无光泽现象。

　　2. 组织状态鉴别法　对粉丝、粉条组织状态的感官鉴别时，先进行直接观察，然后用手弯、折，以感知其韧性和弹性，水煮的方法知道粉丝是否用了豆类淀粉制作，还是掺杂了其他淀粉，这个过程大概需要5分钟。水煮5分钟后粉丝形态比较完整，说明它是纯绿豆淀粉制成；如果粉丝碎了，捞不起来，说明它掺杂了其他淀粉。

3. 气味与滋味鉴别法　进行粉丝、粉条气味与滋味的感官鉴别时，可取样品直接嗅闻，然后将粉丝或粉条用热水浸泡片刻再嗅其气味；将泡软的粉丝或粉条放在口中细细咀嚼，品尝其滋味。劣质粉丝、粉条存有霉味、酸味、苦涩味及其他外来滋味，口感有砂土存在。在此基础上，在选购时应首先选择正规商场和较大的超市。购买时可从感官上进行观察，注意是否有霉变，包装是否结实、整齐美观，包装上是否标明厂名、厂址、产品名称、生产日期、保质期、配料等内容。

程老师给出的方法，你们了解了吗？所以粉丝是用塑料做的，确实有点天方夜谭。我们消费者如果在生活中遇到了和食品安全相关的问题，一定要记得及时拨打 12331 投诉举报热线，更重要的是不要轻信一些网络谣言，学会科学认知。

安全提示

鉴别粉丝质量好坏的方法：①看色泽；②观察其组织状态；③气味与滋味鉴别法。

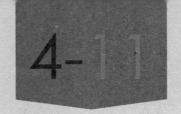

草莓打药
还能吃吗？

　　说起草莓，相信是很多人都钟爱的水果。每年春夏之交，正是吃草莓的季节，每到这个时候，有关草莓打药的一些说法便会在网上流传。说法一："个大"的草莓打了激素？相关专家表示，草莓的个头大主要是种植技术和品种造成的，网传的"激素草莓辨别法"其实"不靠谱"。注入激素是有严格要求的，过量注入会导致失败，草莓的卖相和口感都会很差，果农一般不会这么干。说法二：异形草莓是病！"空心草莓"的出现也是"大果型"草莓品种的特性，这也跟施肥、温度过高、肥水过大有关。而长相奇怪的草莓大多是因为授粉不均，大棚里温度和湿度不良，长出奇怪的草莓是很正常的。市场上的草莓越来越大，主要有两个因素：一个是品种好了，其次是种植技术也提高了。而"空心草莓"则因品种而不同，"红颜"草莓果型硕大，果肉多汁，甜度高，不容易空心。而"幸香""甜查理"等品种的草莓口感较软，颜色很红，由于果肉密度小，果子中间较疏松，所以很容易空心。

　　最近有关草莓又有了新的说法，说是每年草莓丰收之时，草莓园附近的蜜蜂就会出现大量死亡的情况，据说是草莓打完药，然后把蜜蜂都给毒死了，究竟是怎么回事，我们来一探究竟。

现在春天到了，正是吃草莓的季节，在农贸市场，在超市，我们随时都可以看到它红艳艳的身影，非常诱人。但是最近有报道说，草莓打药，毒死蜜蜂。草莓打完药，然后把蜜蜂都给毒死了，这究竟是怎么回事，我们的记者也采访了山西医科大学管理学院的程景民院长。

我们知道，草莓的种植一般都在大棚里面。温室里面为什么一定有蜜蜂，就是为了授粉，授完粉之后它的果型才可以好，不授粉的话或授粉不均匀容易出现异性果。所以每一个温室里边都要放蜂箱，我们知道蜜蜂的职责是负责采蜂蜜，但是温室里是一个密闭的空间，很小，我们为了让蜜蜂更好地去授粉，在一个温室里面需要投入四千到五千只蜜蜂（图11-1），但是有一个问题，它的活动的空间不大，这些蜜蜂进去之后，温室里面有一个膜，目的是为了保温，不让蜜蜂飞出去。但是蜜蜂分辨不出来，它就会往这膜上面撞，撞的时候容易受伤，受伤之后就容易出现一部分死亡，这是一个原因。

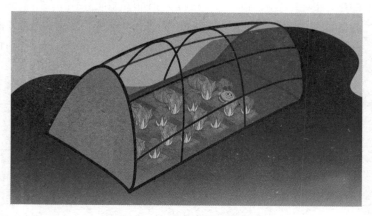

图 11-1　蜜蜂在温室授粉

另一个原因，是因为蜜蜂的自然死亡规律，在自然界当中，蜜蜂主要以群居而生，分为蜂王、雄蜂和工蜂，工蜂的寿命一般是30～60天，但是在温室里面，由于它的温度、湿度，昼夜的温差，并不是特别适合它的生存，温室里面的蜜蜂的寿命，大概只有45天左右，是自然死亡的。所以发现的蜜蜂尸体，可能是自然死亡也可能是受伤死的。并且在温室里空间不大，在温室里面就几百平方米，就会发现到处都是蜜蜂的尸体，在自然界中蜜蜂的死亡也很多，但是空间大，并不是很明显。

程老师给我们揭示了蜜蜂的死亡原因，①蜜蜂本身寿命就很短，易死亡；②蜜蜂会误撞在大棚的塑料膜上死亡，所以草莓打药毒死蜜蜂一说，就是谣言。但是大家在生活中，确实买到过这样的草莓，有的草莓很大，但是掰开却是空心的，有的草莓底部很白，而且有的是一圈白，有的草莓看起来非常红，掰开里面却是白的，并且非常耐放。有新闻曾经曝出有的果农会使用叫做催红素的农药添加剂，就是在还没有成熟的草莓上面，进行农药喷洒，催红素的主要作用是让草莓看着非常好看，这样的话保鲜期也会延长，正常的草莓保鲜期不会超过一天，而这种用了催红素的草莓可能挺上好几天也不烂，会不会像网络传言的那样，跟添加剂催红素有关呢？

其实这是草莓的品种特性，过去草莓一般都是放到塑料袋里，在咱们购买草莓挑选的过程中可能会因为揉搓使得个别草莓烂掉，当时吃还可以，再稍微等一等就可能变质，更不用说等到第二天了。现在大家包装的都非常好，草莓在里面不会磕碰，不会有坏的地方，它存放的时间就会很长了，它不会说，第二天一看就没法吃了，放上两三天是没有问题的。

并且近年来普遍推广了疏果等科学种植技术。所以才能看到现在市场上的草莓越来越大，品种越来越好。肥料充足，大棚温度适当，有的果农还用增光板为草莓增加光线，促进光合作用，增加营养的合成，这也是导致草莓个头增大的原因。

下面我们再来说说这个空心草莓。首先，是品种。"红颜"草莓果型硕大，果肉多汁，甜度高，不容易空心。而"幸香""甜查理"等品种的草莓口感较软，颜色很红。由于果肉密度小，果子中间较疏松，可能会形成小空腔，所以很容易空心。

其次，是水分和肥料的供应。在果实成长期，如果水分和营养过多或过少，容易导致不同细胞的生长速度不一致。表层细胞长得过快，里面细胞长得较慢，二者不同步，结果就空心了。

再次，也有可能是草莓成熟过度所致。

最后，可能就是施用了膨大剂等生长激素。膨大剂是一种植物生长调节剂，也被称为植物激素，会使草莓长得更快更大。使用了膨大剂的草莓会因细胞壁快速生长而变得娇弱，轻轻触碰就会出水，颜色不好，口感软而不实，且中间会空心。不过，这种激素草莓吃了不会对人产生影响，更不会引发性早熟。因此并不用担心食用安全的问题。

听了程老师的介绍，相信我们电视机前的观众朋友可以安心地吃草莓了。草莓好吃，但是很多人不知道怎么去清洗，今天就教大家一个好方法。

由于草莓表面并非完全光滑而是有凹凸，容易有农药残留，因此建议大家清洗干净后再吃。需要提醒的是，洗草莓时不要先将蒂头叶片去除，以免附着在草莓上的杂质和农药在清洗过程中从蒂头处渗入。正确的清洗方式是，先轻轻地用清水冲洗干净，再去除蒂头。若还是不放心，可以使用软毛牙刷配合清水，轻柔地刷洗表面，注意用力不要过大。

大家一定要记住程老师给我们提供的这几个小妙招，在以后清洗草莓的时候不妨试一试。

安全提示

洗草莓时不要先将蒂头叶片去除，应该先轻轻地用清水冲洗干净，然后使用软毛牙刷配合清水，轻柔地刷洗草莓表面。

"化了妆" 的草莓

上期节目当中，我们探讨了蜂农反映的每年草莓丰收之时，草莓园附近的蜜蜂就会出现大量死亡的情况，据说是草莓打完药，然后把蜜蜂都给毒死了，程老师给我们揭示了蜜蜂死亡的真正原因，第一个原因就是蜜蜂本身寿命就很短，易死亡；第二个原因是蜜蜂会误撞在大棚的塑料膜上死亡，所以"草莓打药，毒死蜜蜂"的说法纯属谣言。

在今天的节目当中，我们将为您揭秘草莓中的几种"毒物"：网上有一个报道，说是有些商家出售的草莓是"化了妆"的，并不是像刚摘下来的那样，而是商家自己在草莓上面喷洒了某种不明液体，这种液体据说非常神奇，在霉变的草莓上喷洒一些液体，草莓立马就会变得新鲜，这么神奇的液体对我们人体又会造成什么样的影响呢？还有的果农会为了防治虫害，给草莓喷洒一些农药，那么您是否注意过一种叫做乙草胺的农药，这种农药是否是我们国家允许使用的呢？乙草胺在草莓中的残留物含量在我们国家又是否有着具体的限量标准呢？

程老师，有一种我非常喜欢吃的水果上市了，酸酸甜甜的，您猜是什么？

你说的是草莓吧？

是的！您是越来越了解我了。但是您知道吗？我现在吃草莓不是直接买，而是直接动手摘。星期天的时候，我直接约上我的朋友去采摘园里摘草莓，好的坏的，大的小的，想摘哪个摘哪个，而且我觉得吃我亲手摘的草莓放心一点。

你这一定又是看到或者听说什么了吧？

我这几天在网上看到一个报道，就是说有些商家出售的草莓是"化了妆"的，并不是像刚摘下来的那样，而是商家自己在草莓上面喷洒了某种不明液体，这种液体可厉害了，喷到一些霉变的草莓上，草莓立马就变得新鲜了。我就纳闷了，怎么就有这么神奇？

现在正值草莓上市的季节，关于草莓的各种报道网上也多了起来，你说的这个报道我也看到了，从执法的画面来看，那些不明物体很可能是不安全的，现在已经被相关执

安全提示

在购买草莓的时候一定要仔细看，买的时候撮一撮，如果有颜色掉落的现象，建议您不要购买。

法部门送去检验检疫了，至于它到底是什么？现在尚不清楚。不过我们在购买草莓的时候一定要仔细看，买的时候撮一撮，如果有颜色掉落的现象，那就暂时不要买了。

程老师，很多人会在家里自己种草莓，但是我就发现自己家种的草莓个头都很小，没有市场上的那么大，那市场上这些大个的草莓是怎么种出来的？会有安全风险吗？

王君，这个你大可不必过分担心。市场上售卖的草莓个头偏大，有可能是在种植的时候使用了膨大剂，膨大剂是植物生长调节剂，可以促进细胞增大、分化和蛋白质合成，从而促进果实增大，提高单株产量。

那这个膨大剂会对我们的身体健康有影响吗？

膨大剂安全性比较高，但是如果滥用则可能导致果蔬品质、营养下降。膨大剂包含多类农药，其用法用量标准均在其包装上有所标示，合理合规使用，不会有问题。如果大剂量不合理使用膨大剂，不排除会造成人体的慢性损害可能。我们在购买时，为了避免买到过度使用膨大剂的草莓可以先看一下果型，有没有畸形出现。闻一闻它的果香，使用膨大剂很有可能会使果实看起来成熟但是口感还是半生不熟的，像草莓这样的水果，尽量不要去买错季的，对于一些提前 1～2 个月上市的水果特别要注意是否为过量使用膨化剂、促熟剂。

那其实这种使用膨大剂的草莓我们还是很好辨认的，而且只要在合理的使用范围内，我们是不需要担心它的安全问题的。

是的是的。

程老师，那关于吃草莓，还有什么其他需要注意的呢？

其实关于草莓，可能真正需要我们注意的是一种叫乙草胺的农药，乙草胺在草莓中的残留物标准我国暂无登记，也就是说，在我国，草莓中如果检出乙草胺，是不可接受的。

乙草胺是什么，从来都没有听过这种物质。

乙草胺是一种常用的除草剂，最早由美国发明，很多国家都在用，包括美国。乙草胺并不是中国独有的。相比美国的标准规定，我国对乙草胺的使用规定更严格，只允许在糙米、玉米、大豆、花生和油菜中使用，残留量限定也更低。不过，我国和美国对乙草胺的使用范围规定都不包括草莓。如果真的有使用，那就属于违法行为，理应严厉打击。

安全提示

我国对乙草胺的使用规定非常严格，只允许在糙米、玉米、大豆、花生和油菜中使用，残留量限定很低。但是，我国对乙草胺的使用范围规定并不包括草莓。

那相比乙草胺从哪里来，我们更关心的是，如果草莓中检出乙草胺，还能放心吃吗？它会有什么样的潜在危害。

现在乙草胺的分级是"有致癌可能的暗示，但没有充分的研究证实"。癌症研究的权威机构 IARC（国际癌症研究机构）和美国 NTP（国家毒物学研究项目）都没有将乙草胺列到可能致癌物清单中。国外做了实验，这些动物实验数据往往都是在中高剂量组中出现的，比如，诱发小鼠肝癌的剂量是每天 135mg/kg 体重，而在每天 13mg/kg 体重剂量下"没有可见影响"。正常人是万万没有可能接触到如此剂量的乙草胺的，按照每天 13mg/kg 体重的剂量，前述浓度最高的草莓，我们每天吃 1.5 吨左右都"没有可见影响"。因此，超标不一定意味着有很大风险。

这又涉及一个量的问题了，有媒体说"长期大量"吃这种农残超标的草莓会中毒、致癌。不过，究竟要多大量呢？

我国标准认为乙草胺的每日允许摄入量（ADI）为 0.02mg/kg 体重，而曾经有报道指出草莓中检出乙草胺最高含量为 0.367mg/kg，如果按照这个参考值，一个体重 50kg 的成年人每天要吃超过 2.72kg 这种草莓才会超过范围。即使是在要求更为严格的欧洲（欧盟不允许使用乙草胺）也不易超过范围。欧洲食品安全局（EFSA）的评估认为乙草胺的每日适宜摄入量 ADI 为 0.0036mg/kg 体重，一个体重 50kg 的成人，每天吃 490g 草莓才会超过这个范围。很多人可能觉得"大吃一斤"草莓不是事儿，不过，风险评估是基于每天吃这么多的。草莓的种植还要受季节限制，每天吃这么多草莓，对于绝大多数人来说都是不实际的。

原来是这个样子，所以我们还是不用过分担心草莓中的乙草胺中毒，自己吓自己。

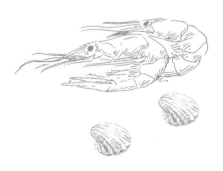

会 "流血" 的苹果

    苹果性味温和，含有丰富的碳水化合物、维生素和微量元素，有糖类、有机酸、果胶、蛋白质、钙、磷、钾、铁、维生素 A、维生素 B、维生素 C 和膳食纤维，还含有苹果酸、酒石酸、胡萝卜素，是所有蔬果中营养价值最接近完美的，被誉为"全方位的健康水果"。我们在以前的节目当中探讨过苹果是否会被打蜡的话题，经过程老师的讲解我们知道，苹果的果皮上的确有蜡，但是苹果果皮上的蜡主要有三个来源：一个是苹果生长过程中表皮自身分泌的一层果蜡，可以防止外界微生物、农药等入侵果肉，起到很好的保护作用，苹果自身形成的蜡膜是刮不出来的，对人体也是无害的；第二个是人工添加的食用蜡，一般用于苹果的表面处理，对人体没有害处，加了人工果蜡的苹果颜色比较鲜艳，摸上去手感略微发黏，保质期也比较长，这种果蜡一般会用在中高档以及进口水果上；第三个是人为添加的非食用蜡，主要是工业蜡，工业蜡成分比较复杂，可能含有铅、汞等重金属，这些重金属可以通过果皮渗透进果肉，过量摄入会对人体健康产生危害。所以我们购买苹果的时候一定要万分小心，仔细甄别。

    最近网上流传的一个视频当中，某市民买到的苹果居然流血了！我们一般常见的都是动物流血，很多网友提出了质疑，这苹果就是一种水果，怎么也会流血啊？带着疑问，我们一同去听听程老师的精彩解答。

程老师，咱们栏目以前做过苹果打蜡的一期节目你有看过吗？

当然记得。我记得有这样一期节目，去年的那期叫《苹果打蜡致癌？》。难道今天的话题还是有关苹果的？

是的。最近呀，苹果又出事了！而且这次还不是小事，苹果居然流血了！这到底是怎么回事呢？我们一起去看一下。

买回苹果以后我就想去去农药和果蜡，然后我就拿开水给它烫了一下，接着我就把它放茶几上了。过了一会儿我回屋一看，我们家的苹果它怎么流血了？我一开始以为是什么水溅到苹果上了，我仗着胆子又把这苹果冲了一遍，结果冲完放那儿血水又冒出来了，这个可把我给吓坏了！

程老师，您看到了吧？视频里的苹果真的流出了像血一样的液体，我第一次看到的时候，真被吓住了！

是的。因为我们一般常见的都是动物流血，很多人可能会有疑问了，这苹果就是一种水果，怎么也会流血啊？

为了一探究竟，记者按照视频当中当事人的做法，将苹果拿开水烫一下，然后放在盘子当中静置。果然，一段时间后，苹果的表面陆续出现像鲜血一样的小水珠，看起来的确很吓人。

那么这流血的现象是不是所有的苹果都会有呢？会不会是因为品种差别导致的呢？我们的记者再次从市场上买来了不同品种的苹

果，有深色的，也有浅色的，那这一次是不是所有的苹果都会流血呢？记者按照同样的方法依次将买来的苹果拿开水冲烫，然后放在盘中静置。一段时间后我们可以明显看出，这几种苹果除了浅色品种的没有发生流血现象之外，颜色较深看起来比较红亮的苹果，无一例外，全部发生了流血的现象。由此看来，苹果流血的现象并非是普遍存在的现象，这又是为什么呢？

程老师，我觉得这苹果之所以会流血，肯定跟咱们以前苹果打蜡的视频当中工人涂抹的不明红色液体有关系，我猜测估计是不法商贩给苹果染了色或是给苹果保鲜用了工业蜡。

首先要表扬你的质疑精神，我要说的是，其实苹果表面流出液体是一种自然现象，并非人工干预的结果，跟苹果的品种、颜色也没有直接的关系。

安全提示

苹果"流血"是一种自然现象，并非人工干预的结果，跟苹果的品种、颜色也没有直接的关系。

董映华： 那说到这儿我就不明白了，刚才在实验当中您也看到了，这浅色苹果并没有流血啊？

表面上看起来的确是这样的，但其实浅色的苹果也流出了液体，不过是肉眼看得并不是很清楚而已，不同之处就在于流出的液体的颜色会不相同。

这么说所有苹果都会留出某种液体，颜色太深的话就像血一样，那么苹果表面流出的液体究竟是什么呢？

我们先来回忆一个细节，我们在前面提到的会流血的苹果，在流血之前都经过了一个什么处理呢？

董映华： 我想起来了！这些苹果都要用开水烫一下。

没错，问题的关键就在这儿。现在我给你解释一下为什么你会看到苹果流血，这其实是因为苹果在高温环境下组织液会渗出，所以不管是红苹果还是青苹果，经过开水烫之后都会有组织液渗出，只不过是因为有的组织液没有颜色看不出来而已。

也就是说，苹果表面的液体就是苹果的组织液是吗？

是的。果皮与果肉间的果胶和糖分在与高温水接触后，浅表的水分、糖分可能会通过果皮上的气孔渗出，所以你如果用手触摸苹果表面的话会有一种黏黏的感觉，这种手感就是糖分引起的。

董映华： 说到这儿，程老师我有点好奇，为什么有的组织液是红色的，有的组织液却是无色的呢？

这主要是因为苹果表皮中含有一种物质，这种物质我们以前探讨过，就是花青素（图13-1）。

花青素是一种水溶性色素，可以随着细胞液的酸碱改变颜色。细胞液呈酸性则偏红，细胞液呈碱性则偏蓝。花青素是构成花瓣和果实颜色的主要色素之一，常见于花、果实的组织中及茎叶的表皮细胞与下表皮层。

图 13-1　花青素

 颜色比较红亮的苹果表面富含花青素，花青素有一个特性，它遇酸会变红，遇碱会变蓝，我们知道苹果里面含有丰富的果酸，高温析出后与花青素发生反应，所以才会出现这种"冒血"的现象。

董映华： 原来是这样。看来苹果流血只是虚惊一场，苹果我们可以放心吃了。

 没错，苹果的确是个好东西，它是水果之王，性味温和，含有丰富的碳水化合物、维生素和微量元素，是所有蔬果中营养价值最接近完美的。建议大家经常买点苹果吃，对身体很有好处。但是你也得注意了，有一种黑心苹果还是要谨慎购买的。

没错，就是那种表面看起来很光滑，品相很好，但其实切开一看，里面已经腐烂，有的甚至里面已经全部腐烂，就是那种黑心苹果，关键是我们买的时候根本看不出来，这个很是让人苦恼。

 黑心苹果其实是在花期的时候，它就已经被霉菌侵蚀了，它的内部已经被霉菌污染，这种苹果吃下去的话对我们健康会有影响。我教你一个方法，就是看"一头""一尾"，也就是苹果花蒂和花萼的部分。如果说花蒂和花萼有发黑的部分，甚至一摁还会出水，这样的苹果建议您还是不要购买了。

这一招，电视机前的您一定要记住，好的，非常感谢程老师今天给我们带来精彩的讲解。

安全提示

如果苹果的花蒂和花萼有发黑的部分，甚至一摁还会出水，这样的苹果很有可能是黑心苹果，建议您谨慎购买。

这样的韭菜
你还敢吃吗？

中医上说，春天是生发阳气的时节，而韭菜性温，可以增强人体脾胃之气。由于过去使用高毒农药灌溉植株等病虫害防治措施，韭菜成为了蔬菜中农药残留高危的品种。不过，随着国际上对韭菜种植中遵法运用剧毒农药意识的增强，以及新技巧和替代方案的浮现，让韭菜农药残留问题有了新的处理方法。

在百度搜索"韭菜中毒"关键词，发现从 2011 年到 2015 年 5 年间，国内因食用农药残留超标韭菜导致的中毒事件有 15 起，中毒人数 81 人。其中 2011 年中毒人数最多，为 52 人。2011 年 3 月，江苏南通如东县接连 5 户 28 人食用韭菜中毒，青岛、南阳、济南也发生中毒事件。中毒者采办的韭菜 34% 来自摊贩，50% 来自农贸市场，还有两家是自家种植时误用了农药。韭菜农药残留超标、"毒韭菜"成为挥之不去的暗影。

韭菜农药残留严峻是受其生长特点影响，主要与韭菜所生的虫害韭蛆有关。"韭蛆藏在泥土里，须喷洒大量高毒农药，更为普及的做法是用有毒的有机磷农药灌地，如对硫磷、甲基对硫磷。"大量有机磷农药被韭菜根部吸收，且不容易被荡涤洗落。甲胺磷、甲拌磷在杀灭害虫的同时，还能使韭菜颜色绿、叶子肥厚，一些菜农为了提高产量，就采取用这些农药灌根的方式来防治韭蛆。买回家的韭菜很有可能农药残留超标，那么究竟该如何清洗才能确保吃到的是放心安全的韭菜呢？程老师给您支支招。

程老师，现在这个时节正好是吃韭菜的好时节，而且这韭菜可是个好东西，既能用来炒菜，又可以拿来做包子、饺子，还可以烧烤，好吃不贵，味还特别窜，是很多人的最爱啊！

你说得没错，这韭菜的确是个好东西，而且是我国土生土长的蔬菜，在诗经中就有"四之日其蚤，献羔祭韭"的诗句，当时的古人就已经用韭菜当做祭司用的极品了。

郭　丰： 看来这韭菜不仅好吃，历史还很悠久！就记得小的时候家里每年种一排韭菜，就足够全家人吃个够了，因为它越割越多！可是我得告诉您了，这吃韭菜也得当心，一不小心就可能真的会中毒，最近网上就有人吃韭菜吃进医院！您说这种吃了让人中毒的韭菜到底是怎么来的呢？

这个主要是发生在韭菜的种植环节，极个别菜农为了消灭韭蛆或使韭菜更加好看，可能会使用剧毒的有机磷农药3911、1605 等对韭菜进行灌根。

程老师，我头一次听说，什么是灌根呢？

灌根其实就是一种药液渗透到韭菜根部的漫灌方法。当然了，有的菜农也会选择喷洒的方式来培植韭菜。这种韭菜大家就要注意了！

4-14 这样的韭菜你还敢吃吗？

原来原因在这里！种植韭菜使用的竟然是剧毒农药，这就有点让人不可思议！那如果误食了这残留有机磷农药 3911，1605 的韭菜到底会对我们产生多大的危害呢？

有机磷农药 3911、1605，是国家明确规定不得在蔬菜上使用的剧毒农药，如果吃了残留有 3911、1605 的韭菜，大多数情况下会有头痛、无力、恶心、多汗、呕吐、腹泻的症状，严重的会出现呼吸困难，昏迷、血胆碱酯酶活性降低等这样一些症状。另外 3911 在人体内不容易分解，如果长期食用这种农药残留的韭菜，那么身体内的毒素会越来越多，从而造成更多严重危害。

程老师，一般来说韭菜是可以直接拿来食用的，那为什么吃到嘴里的东西菜农还要用这种高毒农药呢？

首先菜农使用这种高毒农药本身就是不合法的。不过使用农药其实和韭菜自身的特点有很大的关系，所以我们就得说说韭菜所生的虫害韭蛆了。韭蛆是韭菜最大的敌人，它几乎可以说是影响韭菜产量的关键因素。它的幼虫会由根部向上蛀食韭菜，韭菜生长遭受到了危害，就会枯萎死亡或者是腐烂。

所以菜农就会使用高毒农药来除掉韭蛆对吗？

没错，其实菜农对韭菜用药的方式也是一个关键原因。因为韭蛆是藏在泥土里的，所以菜农就会采用我们刚才讲到的灌根的方法来杀死韭蛆，但与此同时，很多有机磷类农药残留在土壤中，韭菜在生长的同时吸收了这些有机磷类农药，而通过根部进入韭菜内部的有机磷农药用水是很难清洗掉的，韭菜便容易农药残留超标。

说到这儿程老师我有点好奇，是不是因为高毒的农药去除韭蛆的效率高，所以菜农才会使用这种药呢？

这的确是一个原因，不过更糟糕的是，使用有机磷类农药后，韭菜会生长得格外茁壮，变得粗大、碧绿，不但杀死了韭蛆，产量明显增加，而且外观更漂亮，所以不排除有极个别菜农为此故意使用有机磷类农药。

原来是这样。看来大家在买韭菜的时候也要谨慎选择了，尽量去一些正规超市购买，一定程度上也是可以规避不少风险的。

你说得没错，我们调查发现，中毒者买的韭菜有 34% 是从流动摊位上买的，50% 来自农贸市场，还有的就是自家种植韭菜的时候误用了农药。

安全提示

买韭菜的时候一定要谨慎选择，尽量不要去一些流动摊位购买，最好去一些大型正规超市。

程老师，其实我们肉眼是无法分辨眼前的韭菜是否有农药残留的，最安全的方法还是要正确清洗韭菜，您不妨给我们电视机前的观众朋友们支支招，教教我们该怎么通过清洗的方法来去除韭菜中的农药残留吧。

我这儿有个土办法，不仅能帮大家把韭菜彻底洗干净，还能有效去除韭菜当中的农药残留。

郭　丰： 程老师，您快说说，我回去告诉我爸妈。

首先准备一块纱布，然后把纱布浸湿拧干。拿这个湿纱布去擦拭韭菜的根部，因为洗过韭菜的观众都知道，韭菜的根部是最不容易清洗的部分。当然你也可以很多韭菜一起来擦，如法炮制，轻轻一捋，韭菜根部的泥土几乎都可以被擦拭掉。

电视机前的您不妨现在就按照我们程老师给的小妙招来试一试，看看效果究竟如何。程老师，那接下来呢？

接下来就把擦拭好的韭菜放到淘米水里浸泡，拿手攥住韭菜的根部，在淘米水中来回冲洗会更有效果。

郭　丰： 程老师，您这么一说我想起来了，我看过网上有人支招说是用盐水清洗能去农药残留。

其实这种用盐水清洗能去农药残留的说法是不太科学的。用盐水清洗韭菜，不仅去除不了农药残留，还会破坏韭菜中的水溶性维生素。而淘米水是弱碱性的，它可以去除农药，再一个韭菜中的营养素也不会遭到破坏。用淘米水清洗之后，拿清水再清洗一下韭菜就清洗干净可以放心烹饪了。

这的确是一个好方法，既可以把韭菜彻底洗干净，又能有效去除韭菜当中的农药残留，建议电视机前的您不妨试一下，看看效果究竟如何。

安全提示

正确清洗韭菜的方法：用湿纱布去擦拭韭菜的根部，然后放到淘米水里，用手攥住韭菜的根部，在淘米水中来回清洗，最后用清水冲洗干净。

4-14 这样的韭菜你还敢吃吗？

小小西红柿
暗藏猫腻

一直以来，各种各样的食品安全事件总是把大家吓得够呛：西瓜的膨大剂、果冻的着色剂，各种各样的食品添加剂与非法添加物总是在吸引着大家。如今，网络上又出现了一种西红柿，被称作"催熟西红柿"，是用乙烯利催熟的。那么这种西红柿对于人体有害吗？西红柿营养丰富，老幼皆宜，如今却让老百姓感到越来越"不放心"。消费者在购买过程中遇到有的西红柿果身都是通红的，"一看就是被催熟的"，而且有的是尖顶、硬芯，购买时就不免犯了嘀咕。

据营养学家研究测定：每人每天食用 50～100g 鲜番茄，即可满足人体对几种维生素和矿物质的需要。番茄含的"番茄素"，有抑制细菌的作用；含的苹果酸、柠檬酸和糖类，有助消化的功能。番茄含有丰富的营养，又有多种功用被称为神奇的菜中之果。番茄内的苹果酸和柠檬酸等有机酸，还有增加胃液酸度，帮助消化，调整胃肠功能的作用。番茄中含有果酸，能降低胆固醇的含量，对高脂血症很有益处。

市场上的番茄主要有两类，一类是大红番茄，另一类是粉红番茄，那么这两种西红柿分别适合哪种烹饪方式呢？被人工催熟的西红柿从外形来看跟自然成熟的并没有什么差别，那么我们该如何挑选才能够避免买到催熟西红柿呢？

程老师，您看这天气是越来越热了，有一样食物是我每年夏天都会用来消暑解渴的，您猜是什么？

这个……绿豆汤？冰镇西瓜？

您说的这几样的确也是消暑的首选，不过我最爱的还是凉拌西红柿。

凉拌西红柿确实不错，又爽口又有营养，夏天冰镇一下更是风味十足。

彭　程： 是的，我就很喜欢西红柿，我的好多朋友也爱吃，西红柿营养丰富，便宜实惠，热量还低。

是的，西红柿当中胡萝卜素可保护皮肤弹性，番茄红素具有独特的抗氧化能力，能清除自由基，保护细胞，一些研究表明，多吃番茄具有抗衰老作用。

彭　程： 说到这个买西红柿，我就有些疑惑了。咱们市面上卖的西红柿有粉色的，也有亮红色的，有人说那种粉红色是人工干预的，不能吃，要买那种亮红的，那才是自然成熟的西红柿。程老师，是这样吗？

市场上的番茄主要有两类，一类是大红番茄，糖、酸含量都高，味浓；另一类是粉红番茄，糖、酸含量都低，味淡（图15-1）。但是这两种西红柿都是正常的品种，不存在什么人工干预，至于你选择什么品种的西红柿，完全是根据你个人喜好，因人而异，不需要过分担心。

图 15-1　大红番茄和粉红番茄

彭　程： 也就是说两个品种都是自然存在的品种，不能根据颜色来判断哪种西红柿是否完全成熟对吗？

没错。其实这两种西红柿就是口感不太相同，大家到市场上去买西红柿，首先要明确打算生吃还是熟吃。我这儿倒有个建议，如果你是要生吃的话，当然买粉红的，因为这种番茄酸味淡，生吃较好；你如果是用来烹饪的话，就尽可能买大红番茄，因为这种番茄味道比较浓郁，烧汤和炒菜风味更好一些。

安全提示

粉红番茄酸味淡，适合生吃；大红番茄味道比较浓郁，适合用来烹饪，烧汤和炒菜风味更好一些。

那程老师我给您看一种西红柿，这种西红柿问题可就大了，据说这种西红柿被称为"坚强西红柿"，放四个多月竟然都不会坏，其实这种能放很久的西红柿我在网上还看到好多，网友说这是因为这种西红柿被喷了催熟剂，所以才会久放不坏，您说真的是这样吗？

其实西红柿不容易烂，主要有两个原因，第一个就是西红柿的品种不一样，有的西红柿生来就是硬皮的或是本身它的皮就比较厚，那它相对就不容易被挤压，那么也就不容易烂；另一种原因就是同样的西红柿，可能它的成熟度不同，成熟度越高，皮越薄，储存的养分也就越多，它就越容易烂，这跟催熟剂还真没有什么关系。

那说到这儿我就比较纳闷了，那到底是否存在这种被催熟的西红柿呢？

催熟的西红柿的确是存在的，而且大家在买西红柿的时候是很容易碰到的。

彭　程： 程老师，那到底什么是催熟的西红柿呢？

催熟西红柿的方法，是在西红柿的表面喷涂乙烯利（图15-2），它是一种植物生长激素，它的主要作用就是释放乙烯，乙烯是诱导植物成熟的一种激素类物质，如果人工添加这种物质，可以诱导果实中产生更多的乙烯，从而会使果实在短期内迅速成熟，比如民间流传将成熟苹果和青香蕉放在一起催熟的生活小窍门，就是运用了成熟苹果会释放乙烯的原理。

图 15-2　西红柿表面喷涂乙烯利

那食用这种人工催熟的西红柿会不会对我们人体造成什么影响呢？

乙烯一旦被果蔬吸收后，就不会对人体造成威胁。但是如果人工干预时不规范使用就会导致西红柿营养成分尚未形成，此时西红柿内有毒的番茄碱含量比较高。番茄碱对中枢神经系统有干扰作用，对人体健康有影响。所以为了保证我们的健康，建议大家还是要选择自然成熟的蔬菜。

程老师您看，像我就会经常买到那种半生不熟的西红柿，它跟自然成熟的西红柿表面看起来也没什么差别，你能不能教教我们在买西红柿的时候怎么才能避免买到没有成熟的西红柿呢？

你说得没错。我这儿有几个小建议供大家参考：第一个就是看颜色，这个主要是看果蒂的部分，红绿相间的才是正常的瓜熟蒂落的表现。那么如果是催熟的西红柿，果蒂部分几乎没有绿色的部分，只有红色的部分。

彭　程：这是个好方法，我记住了，买西红柿的时候一看就知道。

是的。第二个小妙招就是看西红柿的果形。正常成熟饱满的西红柿，果形圆润光滑，那如果西红柿呈现的是多面体的形状，凹凸不平的话，很有可能这个西红柿是经过催熟处理的。

原来西红柿的形状也是大有学问的。

没错，最后一个就是你要切开看一看西红柿的内部，正常成熟的西红柿，籽是黄色的，果肉也比较均匀。那么如果这个西红柿是被催熟的话，它的籽就会黄中带一点绿色，而且你可以很明显地看到，果肉和果皮之间有比较大的空隙，这种情况很有可能是催熟导致的。

好的，这三个小妙招不知道观众朋友们有没有学会，大家下次买的时候可以尝试一下。

安全提示

辨别西红柿是否被催熟：①看颜色；②看果形；③看果肉与果皮组成。

巧克力检出矿物油，
我们还能放心吃吗？

　　据某网站日前报道，在抽查当地市场 20 多款零食后发现，共 3 款食品含有可致癌物芳香烃矿物油，呼吁供货商召回。其中，某品牌巧克力中的矿物油芳香烃含量最高，达到 1.2mg/kg。报道称，芳香烃矿物油是炼油期间产生的副产品，当一些载有含油墨水的循环再造纸张制成食物包装纸时，这种化学物质便有可能渗入食物内，人体食用后会在体内积存，对器官造成长期伤害，对儿童影响则更深。对此，该公司表示，将会通过技术研究出台相关的解决方案，尽可能地让这些无所不在的物质少地出现或者转移到我们生产的食物当中。

　　随着食品工业的发展，有些矿物油产品其实是可以作为食品添加剂使用的。联合国食品添加剂联合专家委员会（JECFA）对食品级矿物油做过翔实的安全性评价，确定了某些矿物油可用于食品。还有像欧盟允许可可、巧克力制品以及其他糖果制品，包括口气清新类糖果、口香糖中使用矿物油类的食品添加剂。美国允许在糖果、烘焙食品、大米等食品中使用矿物油。那么我国针对矿物油在食品中的使用规定跟这些国家一样吗？含有可致癌物芳香烃矿物油的巧克力我们还能吃吗？

程老师，前段时间有一个关于某品牌巧克力的消息在朋友圈疯传，顿时消费者就迷茫了，我身边有很多朋友就让我问一下程老师您，这个巧克力到底还能不能吃了？

我知道，你说的是巧克力中检出矿物油的消息吧？这个消息我也看到了，但是，这个消息的科学性和准确性是不太乐观的，由于我们的消费者缺乏对相关知识的了解，又被吓住了。

是的，因为这则消息中声称巧克力中矿物油成分是"超大幅超标"，吃了可能导致肝脏损伤，想想都有点吓人，而且这矿物油到底是什么物质？我想肯定是工业上所用的油品吧？

我们知道油在我们的生活中已经可以说无处不在、必不可少了，不管是吃的食用油，还是汽车烧的油，大家都很关注。食用油是什么，我们之前通过几期节目已经给观众讲得比较多了，那突然冒出一个矿物油，大家肯定是当头一棒，有点懵，那到底什么是矿物油呢（图 16-1）？

> 矿物油，是由碳、氢元素构成的烃类物质，是石油分馏产品的总称。按化学结构可以分为饱和烷烃矿物油和芳香烃矿物油，按照粘度可以分为低粘度、中粘度和高粘度三类，一般为碳原子越多，分子量越大，粘度越大，毒性越小。

图 16-1　矿物油

原来石蜡就是矿物油的一种。

是的。除了这些，王君，你们女孩子每天都要用的，不用不出门的。

化妆品？

是的。像什么保湿油、卸妆油、护肤品等，其实都有矿物油，而且它在药品中也有应用。

嗯，程老师，其实我还是担心食品中检出的矿物油成分，矿物油在食品中有啥作用呢？

好！那我们就和大家聊一聊矿物油在食品中的情况。随着食品工业的发展，有些矿物油产品其实是可以作为食品添加剂使用的。联合国食品添加剂联合专家委员会（JECFA）对食品级矿物油做过翔实的安全性评价，确定了某些矿物油可用于食品。还有像欧盟允许在可可、巧克力制品以及其他糖果制品，包括口气清新类糖果、口香糖中使用矿物油类的食品添加剂。美国允许在糖果、烘焙食品、大米等食品中使用矿物油。

那我国针对矿物油在食品中的使用规定跟这些国家一样吗？

我国允许矿物油作为加工助剂使用，常作为消泡剂、脱模剂、防粘剂、润滑剂等用在发酵食品、糖果、薯片和豆制品的加工中。如糖果、鸡蛋的被膜剂。

安全提示

欧盟允许在可可、巧克力制品以及其他糖果制品中使用矿物油类的食品添加剂。美国允许其在糖果、烘焙食品、大米等食品中使用，而我国只允许矿物油作为加工助剂使用。

程老师，您刚才说在欧盟是允许矿物油用于巧克力制品的，那这其实就是巧克力中检出矿物油的原因吧？程老师，您快给我们解释一下，巧克力中的矿物油到底起什么作用？对我们的身体健康是否有危害？

据欧盟食品安全局调查指出，食品中的矿物油主要来源于食品包装、食品添加剂、加工助剂和润滑剂，而食品包装可能是最大的来源。

这么说，巧克力中检出的矿物油超标，很有可能是巧克力包装上的了！

是的！我们可以看看我们现在经常吃的各种巧克力，首先不论好吃与否，包装做得绝对精美，各种包装纸，包装纸上又会用油墨印刷上好看的图案和文字，所以，这些油墨中的矿物油难免会进入食品当中。

而且，欧洲食品安全局曾经对市场上的食品进行调查发现，几乎所有食物都或多或少含有矿物油饱和烃，含量最高的食物分别是糖果、植物油、鱼类产品、油籽、动物脂肪、鱼肉和坚果等。

这么说，巧克力中检出矿物油其实是正常情况。那这个巧克力我们其实还是能吃的？

大家最关心的肯定还是矿物油的安全性。首先，我想说明的一点是，尽管矿物油难免会进入我们的食品，但是在食品中检出的矿物油一般含量都不高，可能的安全风险还是很低的；其次，矿物油是可以作为食品添加剂使用的，与其他允许使用的食品添加剂一样，只要符合国家标准、合理使用的矿物油都是安全的。

程老师，我还有一个疑问，如果食用矿物油过量，对我们的身体健康会有什么影响吗？真的会对我们的肝脏产生危害吗？

矿物油成分复杂，不同种类的矿物油毒素也不相同，科学家们从来没停止过对它的风险评估（图 16-2）。

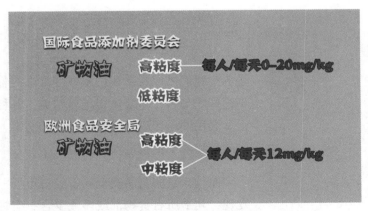

图 16-2　矿物油限量标准

程老师，我们就按欧洲食品安全局设定的这个"安全线"来说，一个体重60kg的成年人每天得吃720mg矿物油，那得需要吃多少巧克力啊，如果那样吃巧克力，先别说矿物油了，光肥胖可能就够担心的了。

是的，而且巧克力并不是我们日常饮食的主要部分，偶尔才吃。从全球来看，我们国家吃巧克力并不多，年人均消费量仅二两（40g）左右，通过巧克力摄入的矿物油很少，引起危害的可能性也很小。

目前，矿物油最大的问题其实是未精炼。由于矿物油是石油原油的副产品，可能存在其他的杂质，如致癌物多环芳烃（PAH）、重金属等。因此，世界卫生组织将未经处理或轻度处理的烃类矿物油认定为人类致癌物。不过，经过精炼的植物油并不致癌。所以，食品中使用的矿物油必须经过精炼。

是的。总体来说，只要生产企业严格按照国家的标准和规定来生产出的合格巧克力，并不会有太多的矿物油。我们真的没有必要过分担心。

安全提示

矿物油成分复杂，不同种类的矿物油毒素也不相同，所以食品中使用的矿物油必须经过精炼。

每天一把葡萄干，真的能预防心脏病吗？

　　葡萄干主要产自新疆、甘肃、陕西、河北、山东等地。夏末秋初采收，鲜用或干燥备用。根据选用葡萄种类的不同，可以分为：无核白、特级绿、王中王、马奶子、男人香、玫瑰香、金皇后、香妃红、黑加仑、沙漠王、巧克力、酸奶子、梭梭葡萄干等。晾晒最适宜的地区就是新疆吐鲁番。吐鲁番的葡萄干全国闻名。你是否听说过这样的说法，有些葡萄干是用"速干剂"催出来的？听起来吓人，连葡萄干也要用添加剂？有些葡萄的表皮上有一层白白的"霜"，这种霜并不是农药残留或长霉，而是葡萄表面天然的蜡质。科学家们通过先进的仪器测定得知，这些蜡质的主要成分是一种果酸，另外也有一些长链脂肪酸、醛、醇、环状化合物等。

　　我们都知道，葡萄干营养丰富，因此网上有着"每天一把葡萄干就能预防心脏病"的说法。那么事实果真如此吗？我们一起来听听程老师是怎么说的。

程老师，我最近在网上看到一条消息，说是某水果晒干后能预防心脏病，您猜猜看是什么水果：破房子，漏屋子，嘀噜嘟噜挂珠子。

 葡萄，晒干后那就是葡萄干。

是的，新鲜的葡萄色泽诱人，味道酸酸甜甜，实在让人喜爱。但新鲜葡萄一般不能保存很长时间。为了更长久地享受葡萄的美味，人们就把它做成了葡萄干。

 葡萄中还含有丰富的钾、铁，维生素 A、维生素 C，B 族维生素也比较丰富，是人们获得维生素、矿物质的良好来源。而葡萄干就是用新鲜葡萄经过脱水、干制而成的。在干燥后，矿物质不会损失，葡萄干中铁的浓度反而会相对地升高。由于好吃、很容易被人们接受，是补充铁质不错的辅助食品，所以缺铁性贫血患者和女生都可以多吃，有助于改善缺铁性贫血。

但另一方面，很多维生素会损失。在晾干过程中，葡萄中维生素 C、维生素 B 族都比较容易被氧气、光照等破坏，会大量损失。

也就是说葡萄干能够很好地保留葡萄的矿物质，但是维生素难免会损失一些。程老师，有人

安全提示

葡萄干在晾干的过程当中会导致葡萄中维生素 C、B 族都比较容易被氧气、光照等破坏，造成维生素的大量损失。

说，每天吃一把葡萄干，能够预防心脏病，因为葡萄干里含有丰富的抗氧化物质，这是真的吗？

很多人吃葡萄干，除了享受美味，人们也非常憧憬它的保健功能。传说葡萄干可以抗氧化、抗衰老、促进心脏健康，这和葡萄中的抗氧化物质有关，其中，以白藜芦醇最为出名。

这个我知道，在 20 世纪 70 年代首次发现葡萄中含有这种物质，后来人们发现在花生、桑椹等植物中也含有这种成分（图 17-1）。

白藜芦醇是一种生物性很强的天然多酚类物质，又称为芪三酚，一些研究表明，它是肿瘤的化学预防剂，也是对降低血小板聚集，预防和治疗动脉粥样硬化、心脑血管疾病的化学预防剂。

图 17-1　白藜芦醇

关于这个白藜芦醇，科学家们也做了很多论证研究。不少研究发现它可以预防体内自由基及脂质过氧化所引起的老化现象，能促进心脏健康，也可抑制癌细胞生长，减少癌症发生的概率。

这么说的话白藜芦醇还真是个好东西，程老师如果我每天吃一把葡萄干，是不是就能预防心脏病呢？

虽然在试验中发现白藜芦醇有一定促进心血管健康、抗癌、防衰老的作用，但是在我们日常生活中，通过吃葡萄干摄入的白藜芦醇等抗氧化物质非常少，很难达到实验中的水平。

程老师，从葡萄干中摄取的白藜芦醇含量少的话，那我们还可以从别的物质上来摄取，比如现在市场上卖的从葡萄中提取的白藜芦醇保健品。

白藜芦醇保健品我之前看过，盒子上标注每粒含有 600mg 的白藜芦醇成分、200mg 的白藜芦醇提取物，不同品牌所含的白藜芦醇成分不同。实际上，白藜芦醇也不是越多越好。

在人体研究中，科学家发现，当白藜芦醇每天摄入量超过 0.5g 时，人体会出现一些不良反应，而超过 1g 时就会有更多不良反应，包括腹部不适、腹泻等。在动物实验中，科学家发现大剂量的白藜芦醇会给动物造成肾脏疾病和消化困难等问题（图 17-2）。

图 17-2　动物摄入大剂量白藜芦醇

如果大家想通过保健品中补充白藜芦醇的话，一定要谨慎，其实要想获取白藜芦醇，花生、蓝莓、蔓越莓等食物都是不错的选择，因为这些食物中都有白藜芦醇的存在。过量的白藜芦醇会给我们的身体带来危害，那每天吃一把葡萄干，能够预防心脏病还可信吗？

在 2016 年，法国科学家对白藜芦醇与心血管疾病的关系进行了回顾性分析，结果认为：虽然在动物实验、细胞实验中有一些研究发现，葡萄中的白藜芦醇对心血管、心脏的健康有好处，但是，在人体临床实验中却几乎没有得到预期的结果。

约翰霍普金斯大学医学院的一项研究也指出，白藜芦醇和心血管健康没有直接关系。他们通过记录志愿者尿液中的白藜芦醇估算了他们的白藜芦醇摄入量，发现和他们的死亡、心脏疾病及癌症风险都没有很大的相关性，这个跟踪进行了 9 年之久。

也就是说白藜芦醇等抗氧化物质是否能预防心脏病，目前还没有太充分的证据。

至少目前的研究结果是这样，在这儿我也要提醒电视机前的观众朋友们，葡萄做成葡萄干后，其中的糖分也得到了很大浓缩。有数据显示，葡萄干中的糖含量高

安全提示

白藜芦醇等抗氧化物质是否能预防心脏病目前仍无定论，所以每天吃一把葡萄干能够预防心脏病的说法是没有科学依据的。

达 83.4%。这就相当于，一把葡萄干（大约 50g）40g 以上都是糖。所以每个人要根据自己的身体状况来考虑。

每天吃一把葡萄干能预防心脏病没有科学依据，不过葡萄干是一种不错的零食，可以补充铁元素，但是葡萄干含糖很多，大家在吃的时候一定要注意量的问题。

醋泡花生可以软化血管？

花生是市面上比较常见的坚果之一，它的吃法有很多，有的人选择生吃，据说生吃花生对身体特别好；还有人煮着凉拌吃，也有人最爱油炸花生米，不过还是有很多人偏爱饭馆的一道经典菜肴，那就是老醋泡花生，据说这道菜不仅美味可口，而且还有着特别神奇的功效，它可以软化血管、降血脂、降血压，这醋和花生的结合真的有这么神奇吗？

目前市场上常见的有陈醋、香醋、米醋等各种各样的醋，最近几年还有各种果醋、醋饮料以及醋胶囊。有人说是因为醋可以溶化钙，血管动脉粥样硬化也有钙化的表现，很多人就会联想喝醋会软化血管、降血脂。还有人说是因为醋与花生的结合，因为花生含有不饱和脂肪酸，而且表面的皮里也含有不错的抗氧化多酚类物质，那么究竟是为什么醋泡花生会有降血脂血压的效果呢？

程老师，随着年龄的增长，很多人现在普遍担心一个问题，您知道是什么吗？

不知道，你这个范围太宽泛了，随着年龄的增长会担心的问题很多啊。

嗯，我想说的是血管硬化，程老师，我首先想请教一下您，为什么随着年龄的增长，血管会硬化呢？

我们不用教科书的话来讲，通俗地说，我们的血管其实就好比水管，水管时间长了会结水垢、会老化、变硬变脆。而我们的血管也会"结垢"、"老化"，但血管里结的不是水垢，而是"粥样硬化斑块"，也就是大家常说的"血管硬化"。

原来我们的血管时间长了也会结垢，而且我也查了一些资料，说这糖尿病、高血压、高血脂、肥胖、吸烟、酗酒者更容易发生"血管硬化"。

是的，当斑块形成后，血管壁会变厚、变硬，管径会变小，从而出现狭窄甚至堵塞。比如我们经常说的，最常见的动脉粥样硬化导致的心脑血管卒中（如脑中风、冠心病）、下肢动脉狭窄或闭塞导致肢体缺血（甚至坏死）、眼底或肾血管病变引起相应器官的功能障碍等等症状，都非常不利于健康。所以，从健康的角度我们还是需要防止血管硬化的。

我想电视机前的观众此刻一定很糊涂，我们明明是食品安全节目怎么像医学讲堂了。程老师，我记得之前我们做过几期关于醋的节目。

是的，我们做过一个系列，主要讲了醋的历史文化、醋的种类以及大家到底该怎么选购醋等等。我知道了，我们今天要聊的其实是醋。

我先出个谜语考考您，您就知道我要说什么了："麻屋子，红帐子，里面住着个白胖子"。

这个我知道，是花生。

程老师，我还没说您就知道了，我们大家都知道醋对人体健康是有好处的，听老人们说过食醋可以软化血管、降血脂，昨天我又在网上看到说吃醋泡花生也可以软化血管、降血脂，程老师，这醋和花生的结合，到底是什么情况呢？

目前市场上常见的有陈醋、香醋、米醋等各种各样的醋，最近几年还有各种果醋、醋饮料以及醋胶囊。为什么会有喝醋可以软化血管、降血脂的说法呢，第一个原因是因为醋可以溶化钙，血管动脉粥样硬化也有钙化的表现，很多人就会联想喝醋会不会软化血管、降血脂。不过，这种联想并不符合实际。

意思是喝醋并不会软化血管、降血脂?

可以这么理解。血管硬化指的是血管内的粥样斑块形成，血管弹性降低，吃进去的醋也不会直接进入你的血管。因此，这种说法并不科学。

安全提示

吃醋能软化血管、降血脂的说法并不十分科学，也不准确。

是的，如果只要是酸性就可以软化血管、降血脂，那么我们人体内的胃酸也比那点醋厉害得多。

喝醋软化血管、降血脂的说法之所以流传，第二个原因是有一些动物实验和流行病学调查也发现了类似的结果。不过，这方面的实验数据并没有足够的证据支持喝醋可以软化血管、降血脂的说法。

也就是说目前并没有相关的实验数据，能有力支持喝醋可以软化血管、降血脂的说法。那吃醋泡花生是否可以软化血管、降血脂呢?

花生本身是不错的食物，它含有不饱和脂肪酸；花生表面的皮里也含有不错的抗氧化多酚类物质，适当吃一些花生还是有好处的。

我曾经看过一篇报道：在国外有研究发现，每周吃一把花生能降低心血管疾病的发生率。是不是吃醋泡花生对软化血管还是有一定作用的？

其实我们并没有必要非要用醋泡花生吃（图18-1）。而且，在泡制过程中，醋只是起到了溶剂的作用，也不会产生新的物质。吃醋泡花生可以软化血管、降血脂的说法，并没有足够的科学根据。如果觉得醋泡花生味道不错，可以当零食吃，但不要寄希望于用它来软化血管。

图 18-1　醋泡花生

所以在这要提醒电视机前的观众朋友们，如果真有高血压了，该用降压药的，还是得按时按量服药，不要因此而耽误了病情。那怎么吃才能防止血管硬化？

安全提示

用醋泡花生吃，醋只是起到了溶剂的作用，也不会产生新的物质，所以吃醋泡花生可以软化血管、降血脂的说法并不科学。

我国成人血脂异常防治委员会综合了国内外的研究证据分析认为：饮食和生活方式改善是治疗血脂异常和动脉粥样硬化性心血管疾病的基础。无论是否进行药物调脂治疗，都必须坚持控制饮食和改善生活方式。

首先，控制饮食：饮食的调整对于预防血管硬化非常重要，主要应该控制脂肪和碳水化合物的摄入（图 18-2）。

脂肪：建议每日摄入脂肪不应超过总量的 20%～30%。脂肪摄入应优先选择富含 n-3 多不饱和脂肪酸的食物（如深海鱼、鱼油、植物油）。
碳水化合物：建议每日摄入碳水化合物占总量的 50%～65%，碳水化合物摄入以谷类、薯类和全谷物为主。

图 18-2　脂肪和碳水化合物的合理摄入量

其次就是改善生活方式：要坚持健康饮食、均衡膳食、规律运动、远离烟草和保持理想体重。这样才能防止血管硬化，保持我们的身体健康。

花生是种健康的食品，用醋泡很好吃，但不要迷信它能软化血管。想要病痛远离自己，就要在膳食宝塔的基础上，注意增加蔬菜、水果等食物的量，多样化饮食、均衡营养才是健康的基本准则。

拿茶饮料当茶喝，
真的健康吗？

　　茶饮料发展经历了传统冲泡、速溶茶、果汁茶、纯茶、保健茶五个阶段。18 世纪，欧洲的茶商曾从中国进口一种用茶抽提浓缩液制作的深色茶饼，溶化后做早餐用茶，这便是今天速溶茶的雏形。速溶茶的研制始于 1950 年的美国，其初期的加工设备、技术大多沿用速溶咖啡的设备和技术，并不断地加以改进。20 世纪 60 年代初，在速溶茶工业迅速发展的基础上，出现了工业规模的冰茶制造业。20 世纪 80 年代初，日本首先开发成功罐装红茶饮料，推出了柠檬茶和奶茶饮料产品，1981 年日本推出了罐装乌龙茶水饮料，1983 年日本又推出了绿茶饮料。随后，日本企业相继推出了混合茶饮料和保健茶饮料，至 1985 年，无甜味、后味爽口、不加色素的天然茶饮料开始在日本畅销，继而生产了纸容器、PET 瓶和玻璃瓶装茶饮料。

　　观念和生活方式的转变，使茶饮料成为中国消费者最喜欢的饮料品类之一。统计数据显示，2011 年中国茶饮料产量已超过 900 万吨，茶饮料消费市场已占到整个饮料消费市场 20% 左右的份额。中国约有茶饮料生产企业 40 家，上市品牌多达 100 多个，有近 50 个产品种类。市场上常见的茶饮料主要有绿茶、凉茶、乌龙茶等系列产品。

　　有人觉得茶饮料跟茶其实没什么不同，而且口感还不错，认为茶饮料的热量要比一般市面上销售的普通饮料低，所以茶饮料因其热量低深受许多年轻人尤其是女孩的喜爱。那么茶饮料究竟是如何制成？它和茶究竟有什么不同？它的热量是高是低？我们一起去一探究竟。

我们会发现，去别人家里做客的时候，大部分都会有一个共同的待客之道，那就是沏茶。看来茶在国人心目中的地位十分高啊。

嗯，的确是这样。中国自古以来就是饮茶大国，更是茶文化的发源地。中国历史上有很长的饮茶记录，大致可以追溯到神农时代，至今已经有 4700 多年的历史了。并且有证据显示，世界上很多地方的饮茶习惯都是从中国传过去的。

嗯，我们之前的节目也有提到过茶，包括茶文化、如何正确饮茶等等。很多时候自己冲泡茶叶比较麻烦，尤其外出的时候更加不方便，于是对于许多茶友来说，茶饮料成了让人眼前一亮的替代品。那么程老师我想问问，这个茶饮料真的就像商家说的那么绿色、健康吗？

你这种敢于质疑的精神真的是难能可贵。首先，我们要清楚，现在市面上的茶饮料有一大部分是"调味茶饮料"。

调味茶饮料？那也就是说并不是单纯的用茶冲制成的了？而是会加入一些物质调制而成的？

对。最简单朴实的茶饮料，是以茶叶水或茶粉等为原料加工制成的。根据所用原茶的种类不同，制成保持原茶风味的茶饮料，比如我们所熟悉的红茶饮料、绿茶饮料等。

夏雯琪： 我去逛超市的时候，发现现在又有很多果味茶饮料，比如柠檬绿茶、蜂蜜柚子茶等等。

是的，如今市面上，"华丽风"的茶饮料到处都是。在原茶饮料基础上加果汁和果味香精，就成了果汁茶饮料或果味茶饮料。其中，果味茶饮料中仅仅有果味香精；而加上乳制品及奶味香精，就成了奶茶饮料或是奶味茶饮料；还有的在饮料中充入二氧化碳气体，就制成了类似于汽水的碳酸茶饮料。

也就是说，这些由基础茶饮料衍化而来的各种口味的茶饮料，产品类别统统属于"调味茶饮料"。

是的。

我身边有朋友觉得，因为是"茶"饮料，所以不会像一般的甜饮料热量那么高，而且饭后喝一瓶去腻解渴，很舒服。可是刚刚听您说，这"调味茶饮料"里有的加了果味香精，有的加了奶味香精，那热量是不是就升高了？

何止是升高了，它的热量其实和可乐差不多了。

啊？这么高？

嗯。冲泡茶叶的成分是"水＋茶叶"，可调味茶饮料的成分就没有这么简单了，概括起来就是"水＋糖＋茶＋多种食品添加剂"组成的。以一款我们最熟悉的冰红茶为例，其配料表为：水、白砂糖、速溶红茶、食用盐、食品添加剂（柠檬酸、柠檬酸钠、维生素C、焦糖色）、食用香精。

排在配料表第二位的是白砂糖，这一点与一般甜饮料并无差异。再看其营养成分表的小框框中写着：每100ml的含糖量高达9.7g。如此一来，喝一瓶550ml的茶饮料，喝进的糖就有53g之多，总热量是215kcal，竟与一瓶可乐的热量相当。

与此同时，还会增加大约160mg的钠摄入，让本来就很艰巨的"控盐"工程变得更加困难。可是，如果是自己冲泡的茶，糖含量少到可以忽略，热量也几乎为0kcal，钠含量也要少得多，显然更健康。

安全提示

调味茶饮料成分复杂：水＋糖＋茶＋多种食品添加剂，它的热量其实和可乐差不多。

天哪，这调味茶饮料的热量竟然这么高！我看到市面上也有很多低糖或者无糖的茶饮料。某款无糖茶饮料的配料表就只有水、红茶、食品添加剂（维生素C，碳酸氢钠）等区区几种成分。那么这些标明低糖、无糖的茶饮料是不是热量就比较低？我们可以放心喝吗？

你说的那款茶饮料由于没有糖、没有甜味剂、没有香精，这种"化繁为简"的茶饮料尝起来不香也不甜，所以并不那么受"待见"。甚至，这类茶饮料还被网友说成是最难喝的十大饮料之一。虽然成分跟我们沏的茶更接近，但是由于它还要经过加工处理，会使茶叶中的香气成分损失不少，所以这种茶饮料无论口感、香气还是营养，与我们现泡的茶依然是不一样的。

嗯，程老师，那这些标明低糖、无糖的茶饮料是不是热量就比较低？

并不是。不论是低糖还是无糖茶饮料，依然是含有糖或者甜味剂的，这一点与真正的茶也有一定差距。甜味剂虽然没有致癌等谣言所说的问题，不过它有甜味但不会引起血糖的上升，这样反而会欺骗大脑，可能会引起食欲增加，所以甜味剂对于预防肥胖是否真正有益，尚没有确定结论。

安全提示

不论是低糖还是无糖茶饮料，依然是含有糖或者甜味剂，所以其热量并不低。

看来即使是无糖、低糖茶饮料，也并不是一点问题也没有。那程老师我不禁想问了，面对大量的茶饮料真的就只能望而却步了吗？我们怎么选好的茶饮料呢？

呵呵，并不是这样的。虽然茶饮料不是茶，但是一些相对好的茶饮料，还是要比甜饮料好一些的，选购时可以看这样几点：

第一点，选糖含量低的，虽然低糖或无糖茶饮料并不是绝对安全，但却是相对安全。要想摒弃糖的一些危害，低糖或者无糖是明智的选择。不过，这就得以放弃香甜为代价了。

第二点，选茶多酚含量高的。茶多酚是茶叶中具有保健价值的一类天然抗氧化剂。绿茶饮料的茶多酚含量是最高的，其次是乌龙茶。当然了尽管如此，这与茶叶仍不可比。

选茶多酚含量高的？不是说茶多酚过量会对人体不利吗？

不用担心因喝茶而导致茶多酚过量，因为它的半数致死量为 2496～2816mg/kg 体重，可以说高效低毒。我们长期饮茶的历史也证明了它的安全性。不过消化不良、瘦弱、贫血等人群，最好不要喝浓茶。

哦，那屏幕前的您可要注意了，有这些问题的一定不要"贪杯"喝浓茶哦！还有什么选购茶饮料需要注意的呢，程老师？

还有就是注意食品添加剂的种类。柠檬酸钠、碳酸氢钠、磷酸钠等各种形式的钠盐，其实本质上都会增加人体"钠"盐的摄入，相应的，留给一日三餐用盐的量就会减少，不利于盐的控制。

嗯，好的，今天又纠正了一大食品安全认识误区，正确选择适合自己的茶饮料很重要。

白开水到底该怎么喝？

人类很早就知道水、利用水，水无色、无味、无嗅、透明，是自然界中最常见的液体。古代哲学家们认为，水是万物之源，万物皆复归于水，所以一直把水、火、气、土当作四个基本元素，由它们构成世界上一切物体。

直到1784年英国科学家卡文迪许才用实验证明水不是元素，是由两种气体化合而成的产物。1809年，法国化学家盖吕萨克测定，1体积氧和2体积氢化合，生成2体积水蒸气。后来的科学家便定出了水的分子式：H_2O。

水中的矿物质，除了为人体补充营养，同时维持体液渗透压、保持水平衡的作用之外，还有一个很重要的作用，那就是维持体液中和性，保持酸碱平衡。

在生命长期的进化过程中，人体形成了较为稳定的呈微碱性的内环境。正常人血液pH值（酸碱度）应在7.35～7.45。人的细胞活动必须在这个环境中进行。也就是说，人体内环境的酸碱性受到精确调节，人体液中主要正负离子的当量总浓度相等，从而维持体液中和性，处于偏弱碱状态。那么白开水对于人类来说既熟悉又神秘，白开水究竟该怎么喝？反复烧开的水又是否会对人体健康造成影响？今天我们就带大家一同去揭开关于白开水的八个秘密。

我们都知道水对我们的生命起着重要的作用，它是生命的源泉，是人类赖以生存和发展的最重要的物质资源之一。我们的生命一刻也离不开水，尤其是最近天又很热，就更加离不开水了，今天我们讨论的话题也跟水有关。

哦，许强你就直说吧，你又发现水有什么问题了？

程老师，很多人家里都会晾上一些凉白开，不过一直以来都有"隔夜水不能喝"的说法，原因是隔夜水会引起腹泻，甚至致癌，这令很多人害怕。我知道这种说法肯定有问题，可是我的解释也不权威，所以我还想请我们的程老师来告诉大家真相：隔夜的白开水到底有没有致癌物？

致癌物质不会凭空产生，要知道，人们最担心的致癌物亚硝酸盐是不可能存在于只有矿物质和微量元素的水中的，所以即使水放再长时间，里头也不会产生致癌物。现在网络上有谣言说"白开水存放三天就会产生致癌物质"，这是没有科学依据的。

曹雅君： 也就是说隔夜的白开水里是不存在致癌物质的！但是我发现，隔夜的白开水，它和直接烧开的水的味道不太一样，这是不是因为隔夜水变质了？如果没有变质，隔夜水为什么会有异味呢？

其实最主要的原因是白开水暴露在空气里的时间一长，空气中少量的二氧化碳会溶入其中，经过一些化学反应，味道就会发生变化。虽然没有致命危害，但是隔了几天的白开水容易被细菌污染，还是不喝为宜。

这么看来有关隔夜水会致癌这种说法确实是谣传。程老师，还有个问题也一直挺困扰我的，您听说过"千滚水"致癌吗？这个反复烧开的水到底可不可以饮用呢？

首先要说的是，只要能保证水质的来源，或者煮水的工具是符合安全质量标准的，理论上水即使煮沸多次，也不会产生致癌物质。无论国内或国外，均没有科学依据表明"千滚水"会致癌。但从健康角度来说，还是建议大家饮用新鲜烧开的水。

还有就是我们经常使用烧水的壶，用久了，水壶内就会出现白色的水垢，这是什么东西呢？

白开水中含有矿物质，烧水壶内壁上会结厚厚的白色水垢，这就是矿物质存在的表现，所以从这个意义上讲，白开水也是一种"矿泉水"。

曹雅君： 这类矿物质和微量元素在水中的存在，对我们的身体有什么影响吗？

其实水中矿物质含量非常少，对人体所需矿物质的补充不会带来大的影响。一般人体所需要的矿物质是从其他饮食中获取的。

我们都知道，所有的商品都是有保质期的，那么有人就说，开水也有保质期，并且只有 16 个小时，那意思就是，烧过的开水只能够存放 16 个小时吗？我不知道这样的说法到底有没有科学依据。

水在烧开的过程中会杀死很多的致命微生物。但是在开水的温度降到室温以后，各种微生物会继续进入白开水中，在水中繁殖。在空气中暴露的时间越长，微生物的数量就会越多，水质随之变差。可能没有 16 个小时那么准确，但对比刚烧开而放凉的白开水，隔夜水或者十几个小时之后的白开水的水质，的确不如从前。

曹雅君： 看来对于肠胃脆弱的人，比如小孩子，我们还是建议喝新鲜的白开水比较好。那程老师，我们家庭或者单位用的饮水机，一桶水往往都要放置一个星期左右，按道理说早已经超出了水的"保质期"，那我们是不是就不应该再饮用了呢？

但正规桶装水采取了相应除菌和封闭措施，同时保证饮水机的清洁，我们是可以放心饮用的。

那我就放心了。我们在家烧水的时候，总会看到有水蒸气，特别是冬天最明显，如果把抽油烟机打开的话，那这种现象可能会稍微有所缓解。所以

我上网就看到，我们在烧水的时候，也需要打
开抽油烟机，这样的说法有没有科学依
据呢？

烧水、做饭、炒
菜，都最好打开
抽油烟机或排气
扇来尽量排出水蒸
气。如果厨房的水
蒸气没有及时排出，附
着在角落里，就会繁殖出
大量的霉菌。霉菌很容易引起过敏，如果家里有过敏体质
的人，就要及时清除并且预防霉菌的产生。

在家里，我看到我爷爷奶奶烧水的时候，总是水刚刚开，他们就把火关
了，这种做法到底对不对，水烧开多长时间后再关火比较好呢？

将水烧开是最好的灭菌方法，但水中微生物的排泄物，尤
其是致病菌被杀死后所释放出来的内毒素，在100℃是不
能被杀灭的，因此应在水烧开2~3分钟后再关火。

也就是说，我们在水烧开之后，不要急于关火，等2~3分钟再关火，可
以把火的大小调到适中不溢的状态。那在水快烧开的时候要揭开壶盖吗？

烧开水时，当水烧到接近100℃时，应把壶盖打开，让水
中部分残留的挥发性有机物挥发出去，烧开2~3分钟后
再关火。

程老师给出的方法我们一定要谨记。不知道大家有没有注意到什么，就是只要我们身体有什么感到不适的地方，总是先喝水，不管是肚子疼还是头疼，没有什么是水解决不了的。

曹雅君： 所以水被称作生命之源嘛，可是大家真的会喝水吗？怎样喝水才是最健康的呢？

英国伯明翰大学一项研究发现，只要在每餐饭前半小时，坚持喝一杯 500ml 的水，坚持 3 个月，体重就能减轻 2 ~ 4 公斤。

其实这和我们常说的"饭前喝汤"有些相似，首先可通过增加饱腹感减少进食；其次，对食物的渴望也会改变，因为有足够的水，身体会比较喜欢蛋白质，而少吸收一些令人发胖的碳水化合物。

对，如果感觉胃酸，就可以喝苏打水试试，初次喝可能感觉味道接受不了，可将果汁兑在苏打水里饮用。连续饮用几天，胃酸导致的不适可得到缓解，胃里感觉很舒服。

曹雅君： 我还看到过一项研究，当一个人痛苦烦躁时，肾上腺素就会飙升，肾上腺素通常被称为"痛苦荷尔蒙"，但它是可以被排出体外的，方法之一就是多喝水。多喝水，我们的心情都有可能变好呢！

绿豆汤的那点事

夏季暑热盛行，绿豆汤是中国民间传统的解暑佳品。绿豆汤的营养成分比较丰富，是经济价值和营养价值较高的一种汤类。绿豆汤有各种煮法，口味繁多，最主要的有薏仁绿豆汤，百合绿豆汤，南瓜绿豆汤和海带绿豆汤等。绿豆素有"济世良谷"之称；因其营养丰富，用途广泛，倍受百姓欢迎。在我国汉族，不少地区每逢农历腊月初五，大家小户都用绿豆、黄豆、豌豆、蚕豆和豇豆一起煮饭而食，谓之吃五豆。相传源于宋代欧阳修喜欢吃五豆饭，百姓仿效，相沿成俗。

专家介绍，绿豆的清热之力在皮，因此，如果只是想消暑，煮汤时将绿豆淘净，用大火煮沸，10分钟左右即可，注意不要久煮。这样熬出来的汤，颜色碧绿，比较清澈。由于气候炎热的关系，夏季很容易会有食欲缺乏的问题，而绿豆中含有丰富的蛋白质、磷脂等元素，不仅能补充身体所需要的营养素，同时还可起到兴奋神经的作用，从而促进食欲。绿豆本身就具有排毒的作用，同时临床表示绿豆中含有抗过敏成分，因此夏季多喝绿豆汤的话，可起到预防夏季高发皮肤病荨麻疹的作用，促进身体健康。

近日有一则新闻，江苏高邮一位年近70岁的老太太，就是因为喝了一碗冰镇绿豆汤而突发心肌梗死，差点丢掉性命！好好的绿豆汤怎么会喝进医院呢？到底是哪类人群不适合经常喝绿豆汤呢？本期节目我们就来说说绿豆汤的那点事。

不知道二位有没有感觉到，最近是越来越热了，我这个人特别怕热，我有一个夏季解暑的小妙招，就是绿豆汤。绿豆在家里一般都是必备的，绿豆汤能清热解毒、消暑除烦、促进食欲，对心血管健康也有好处，可以说是功效特别多（图21-1）。

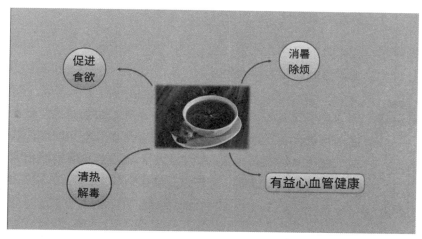

图 21-1　绿豆汤

是的，因为绿豆性凉，味甘，在炎炎夏季多喝点绿豆汤是有利于解暑的。而且绿豆汤有各种煮法，口味也繁多，有薏仁绿豆汤、百合绿豆汤、南瓜绿豆汤和海带绿豆汤等等，可以满足众多不同的口味，可以说绿豆汤是我们中国民间传统的解暑佳品。

但是，关于这绿豆汤，我最近看到一则新闻，说江苏高邮一位年近 70 岁的老太太，就是因为喝了一碗冰镇绿豆汤而突发心肌梗死，差点丢掉性命！程老师，不是说夏季喝绿豆汤，不仅可以清热解毒、促进食欲，最重要的是还能够保护心血管健康，可算是好处多多，那为什么这位老太太在喝了冰镇的绿豆汤之后会出现这种情况呢？

绿豆汤的确可以去火降燥，清热解暑，像你说的这个事我在网上也看到过，问题就出在了饮用方式上。这位老太太把绿豆汤冰镇了来喝，冰镇绿豆汤对心脑血管病人是十分不利的，尤其是在全身出汗时，会对心脏造成伤害，从而诱发心肌梗死、脑血栓或脑出血等急症。

曹雅君： 原来真的有这么严重！我有时候也会喝冰镇绿豆汤，您快说说这到底是为什么呢？

因为夏季气温高，人体血管是处于一种扩张的状态，人体内一旦进食了冷饮，那么就会导致全身血管在短时间内收缩，血压突然升高，像这位老太太，本身就患有心脑血管疾病，会突发心绞痛、心梗以及脑出血等。

所以绿豆汤虽然是夏天清热解暑的佳品，但最好还是不要喝冰镇的绿豆汤。

是的，因为人体在夏天是属于外热内凉的状态，再加上现在的人经常会待在空调房内，导致脾胃虚寒，如果在这个时候再喝冰镇绿豆汤，那么会让虚弱的脾胃更加受打击。

这下我们明白了，绿豆汤虽然消夏解暑，但是从身体健康角度考虑，还是建议大家常温饮用，尤其老年人、儿童更应少食冷饮，以免发生腹泻、腹痛、咳嗽这些症状。程老师，那除了尽量少喝冰镇的绿豆汤外，在喝绿豆汤时我们还需要注意什么呢？

其实，喝绿豆汤是有讲究的，并不是任何人都可以随意喝。首先，切记不要空腹喝绿豆汤。因为从中医的角度来说，绿豆性较为寒凉，空腹饮用容易对脾胃造成伤害。体质寒凉的人本来就有四肢冰凉乏力、腰腿冷痛、腹泻便稀等症状，而吃了绿豆反而会加重这些症状，甚至引发诸如腹泻、气血停滞引起的关节肌肉酸痛、胃寒及脾胃虚弱引起的慢性胃炎等消化系统疾病。

安全提示

冰镇绿豆汤虽然消夏解暑，但是对心脑血管病人十分不利，建议大家还是常温饮用。

听您这么说，食用绿豆汤可得注意了，空腹的时候千万别喝绿豆汤，还有就是要根据自己的身体状况来选择性地饮用绿豆汤。

 是这样的，许强总结的很正确。其次就是，服用中药的时候要慎食绿豆汤。

曹雅君： 程老师，这个我好像听人说过，说喝中药的时候不能吃绿豆，因为绿豆会解药。

 服中药时能否吃绿豆也不可一概而论，如果患有外感风热、暑热内侵等热性病，服中药时可照常服绿豆汤，有相辅相成的作用（图21-2）。如果患胃肠薄弱、肢酸乏力、全身畏寒等症应禁食绿豆，否则，不仅会降低药物疗效，而且还会加重病情。

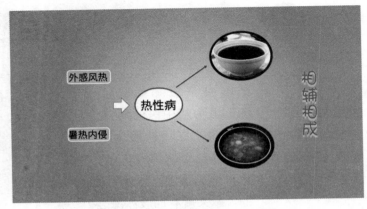

图 21-2　绿豆汤可与药同服的症状

原来中药和绿豆能不能一起服用也是分情况的，程老师，除了咱们刚刚说的这些，还有什么注意事项？

还有就是绿豆汤不能天天喝。

这我就不理解了，节目开始您就给我们介绍了绿豆的种种好处，可以清热解毒、消暑除烦、有利于心血管健康等等，既然绿豆有这么多种积极功效，为什么不能天天饮用绿豆汤呢？

虽然绿豆汤是夏季的解暑佳品，但是过量食用，有时候会适得其反。过量饮用绿豆汤，会出现胃寒腹泻等肠胃疾病。女性过量饮用绿豆汤可出现腹胀、痛经等症状。适当喝一些绿豆汤对身体有益，但是，也不宜天天喝。一般成人一周喝 2 至 3 次，每次一碗即可。幼儿 2 至 3 岁开始吃粥时，可适量加点绿豆，6 岁过后，才可饮用成人量。

喝绿豆汤原来也有这么多讲究！程老师，我还有一个问题，绿豆本来是绿色的嘛，为什么我有时候煮的绿豆汤颜色特别深，都有点发黑呢？

你是用铁锅煮的绿豆汤吧！绿豆的大部分活性成分都在绿豆皮里，绿豆皮中的类黄酮和金属离子作用之后，可能形成颜色较深的复合物，使绿豆汤的颜色发黑，食用后还会造成肠胃不适和消化不良。所以煮绿豆汤不能用铁锅，最好用砂锅或者不锈钢锅。

这下我就明白了，煮绿豆汤对炊具也是有要求的。

是的是的。如果要单独用绿豆煮甜水饮用，可以把绿豆煮烂，因为绿豆的清热之力在于皮，把豆子煮烂一点，这样就不至于吃得太凉了。其实要避免绿豆吃得过于寒凉，不一定要喝绿豆汤，可以选择另一种吃法，也就是吃绿豆粥，把米、绿豆洗干净后，一同下锅加水煮成粥。

听完程老师的讲解，相信大家也都清楚了在喝绿豆汤时的注意事项，下次再喝的时候一定要多加注意。

爱吃银耳的朋友们注意了

银耳是中国的特产，野生银耳主要分布于中国四川省、浙江省、福建省、江苏省等地。野生银耳数量稀少，在古代属于名贵补品。但随着新中国的成立，古田银耳人工栽培技术的成功，使银耳走向了千家万户，成为人人皆可品尝的佳品了。当今，古田县为银耳的主要产区，并因此获得"中国食用菌之都"的称号。

银耳中含有蛋白质、脂肪和多种氨基酸、矿物质及肝糖。银耳蛋白质中含有 17 种氨基酸，人体所必需的氨基酸中的 3/4 银耳都能提供。银耳还含有多种矿物质，如钙、磷、铁、钾、钠、镁、硫等，其中钙、铁的含量很高，在每百克银耳中含钙 643mg，铁 30.4mg。此外，银耳中还含有海藻糖、多缩戊糖、甘露糖醇等肝糖，营养价值很高，具有扶正强壮的作用，是一种高级滋养补品。

古今史著和历代医学家通过临床验证，确认银耳有强精补肾，滋阴润肺，生津止咳，清润益胃，补气和血，强心壮身，补脑提神，嫩肤美容，延年益寿，抗癌之功效，但银耳的质量尤为重要。那么究竟什么样的银耳才是优质的银耳？食用新鲜野生银耳是否会有中毒的风险呢？银耳汤久放过夜又会产生什么有害物质呢？

程老师，我最近又遇到特别困惑的事了。

什么事让你这么困惑呢？

前几天我朋友说给我寄来一箱宝贝，包裹收到后，打开泡沫包装一看，里头冰镇着 3 朵正生长着的银耳，边缘薄薄的，很透明，整个银耳像极了开放的花朵，特别漂亮，还带有树木的香味。

这银耳又被称为白木耳、雪耳、银耳子等，有"菌中之冠"的美称。既有补脾开胃的功效，还能增强人体免疫力，富有天然植物性胶质，中医讲它具有滋阴的作用，是可以长期服用的良好润肤食品。这么好的东西，你困惑什么呢？

因为我平常吃的银耳都是从超市买的那种干银耳，先用水泡开后再煮着吃，这新鲜的银耳我还是第一次吃，我就上网查了一下它的吃法，结果却吓了我一跳，说是"新鲜银耳有毒不可食用"，它里面含有一种叫卟啉的光感物质。说是食用新鲜银耳后若被太阳照射会引起日光性皮炎，人体曝晒部位易出现皮肤瘙痒、水肿等情况。看到这样的消息之后，心里也难免害怕。

新鲜银耳能不能吃，很多人都会有所疑惑。因为一般食用真菌类的食物都要注意，不然就会引起食物中毒，对我们的身体造成伤害。

程老师，那吃了新鲜银耳到底会不会出现皮肤瘙痒或者水肿的情况呢？

其实，真正的新鲜银耳，即刚采摘没有进行加工的银耳是含有卟啉类光感物质的，食用新鲜银耳后，卟啉类光感物质会随血液循环分布到人体表皮细胞中。此时受到太阳照射，有个别特异体质的人就可能引发日光性皮炎、皮肤红肿、痒痛，出现鲜红色丘疹和水疱。卟啉类光感物质还易被咽喉黏膜吸收，导致咽喉水肿、全身不适、流鼻涕、流眼泪、乏力及呼吸急促等症状。

安全提示

有个别特异体质的人食用新鲜银耳，可能会引发日光性皮炎、皮肤红肿、痒痛等身体不适。

一般来说，市场上卖的新鲜银耳都是经过加工干制的，其所含卟啉物质在加工过程中就被破坏消失了。程老师，像这样的银耳我们是不是可以大胆放心地吃了呢？

是的，许强。食用加工干制的银耳一般不会发生以上症状。所以，大家尽可放心购买食用。

那我就可以放心吃了，我今天就回家煮点。程老师，我每次煮银耳粥的时候，都觉得特别麻烦，所以每次都煮很多，放到冰箱里，能吃好几天。

银耳汤千万不能久放过夜，一旦过夜，不但营养成分减少，而且还会产生对人体有害的物质。

也就是说我之前的做法都是错误的，无形中影响了自己的身体健康，那久放过夜的银耳汤会给我们身体带来什么影响呢？

之前的节目中我们说过腌制食品、过夜的绿叶菜中有硝酸盐类物质，银耳中也含有硝酸盐类物质，煮熟后若放置时间过长，在空气中接触细菌，硝酸盐就会还原成亚硝酸盐（图 22-1），如果喝了过夜的银耳汤，亚硝酸盐就会进入人体血液，严重的可能影响血液里血红蛋白正常的携氧功能，甚至使人体正常的血红蛋白氧化，丧失携氧能力。

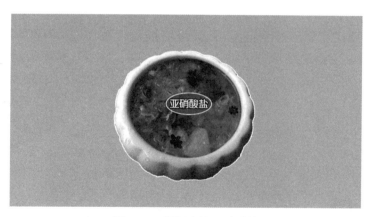

图 22-1　银耳中的亚硝酸盐

这样看来我们在做银耳汤的时候最好少做一点，一次喝完，若实在喝不下，也不要吝惜，立即倒掉。程老师，我经常会碰到这样的情况，买回家的银耳一次性吃不完，就放到柜子里存着，当再次拿出来吃时，银耳就发黄了，那这发黄的银耳还能吃吗？

银耳的本色应该是普通的白色，略带微黄，像你说的这种情况，应该是放得时间太长，银耳受潮或发霉成分发生了变化，变质的银耳不像刚买回来那样干燥，手摸会有潮湿感。

对对对，还能闻到一股酸味或其他特殊的气味。

正常的干银耳泡入温水中后，体积会迅速膨大5倍～10倍，而变质银耳水泡后，体积增大不多。变质发黄的银耳我们最担心的是受黄杆菌污染所造成，一旦变质，就万万吃不得。因为变质银耳中的致毒物为酵米面黄杆菌，吃了可引起头晕、肚痛和腹泻等中毒现象。

安全提示

变质发黄的银耳用手摸一摸会有潮湿感，而且还能闻到一股酸味或其他特殊的气味，误食之后可能会引发头晕、肚痛和腹泻等中毒症状。

这个问题我以后确实得注意一下，程老师，银耳，论颜色还是口感，都和燕窝相似，并且价格便宜，富含植物胶原蛋白，是良好的滋补品。那我们该如何挑选优质的银耳呢？

想要挑选到优质的银耳，我给大家提四点建议：

第一个是看。优质的银耳比较干燥，耳片色泽呈金黄色，有光泽，朵大体轻疏松，肉质肥厚，坚韧而有弹性。新鲜或者泡发后的银耳是白色的，晒干或烘干后的正常颜色为金黄色，如果干银耳的颜色过于白了，我们就要注意它是不是被硫磺熏过。

第二个是摸。质量好的银耳摸起来比较干燥，且很脆，有一点刺手的感觉，如果是放了很长时间的银耳摸起来就会发软。

第三个是闻。品质新鲜的银耳，应该是美有酸、臭等其他异味。如果银耳闻起来有一股刺鼻的味道，那就有可能是用硫磺熏过的。

第四个是煮。品质纯正的银耳，一煮即化，香甜糯软，胶原蛋白也很多。差银耳煮两三个小时汤还是清清的，一点都不黏稠，口感很硬。

爱吃银耳的朋友们，一定要记住程老师给出的建议，这样才能保证自己吃到的是最优质最健康的银耳。

警惕高糖量"伪装者"

　　很多上班族因为工作忙碌，常常会在街边解决早餐，也会准备一些小零食当下午茶，而且都会刻意避开一些含糖量高的食物。我们都知道，糖尿病人不能吃含糖量高的食物，比如糖果、冰激凌、奶油蛋糕等，否则血糖将会很不容易控制。

　　一般来说，"糖"的范畴很大，碳水化合物进入体内都能转化为各种各样的"糖"分给身体供应能量。这里说的"糖"是"精制糖分"，大部分是白糖，来源于各种甜味的糖果、饮料、饼干、面包、蜜饯、奶和奶制品以及其他含糖分的小零食。首先，这些精制糖分的能量很高，1g 白糖可以产生4kcal 的热量，吃了一小块蛋糕或者喝了一瓶果汁饮料后，就会感觉很饱。其次，虽然这些糖分的能量很高，却几乎不含什么营养素。没有摄入各种营养成分，长期下来，就会造成营养不良。但是，你可知道，有些食物吃起来不甜，可实际上，含糖量一点也不低，这就是高糖量的"伪装者"，它们的味道不一，但是含糖量却丝毫不输甜食。所以糖友们在吃东西之前，一定要了解这些会"隐身"的食物，以免对自己的健康造成影响。那么到底哪些食物是藏糖高手呢？我们来——揭开它们的真实面目。

说起糖，真是让人又爱又恨。爱吃甜食好像是与生俱来的天性。我每次路过甜品店，看见橱窗里那些琳琅满目的蛋糕和甜点，我就想买一些吃！

这个结论是有实验依据的。美国康涅狄格学院曾做过一个实验，证实了高糖高脂食物的确会让人上瘾，而且糖比脂肪更容易让人成瘾。

嗯。还有一个说法，说甜食能让人心情更加愉悦，我刚开始不信，但是后来想想好像还真是这么回事，您看像过生日的时候会吃甜的蛋糕，夏天的时候吃的冷饮都是甜的，而且吃这些的时候都是心情好的时候。

虽然甜食是好东西，但是一旦对甜食上了瘾，那就麻烦了。国际上的一些研究与调查证明，精制糖摄入过多与超重肥胖、糖尿病、提前衰老、痛风、不育等都可能有关。虽然这个研究还不是科学的结论，但是，世界卫生组织再次对糖的摄入量提出警示，建议成年人和儿童应将每天的游离糖摄入量降至总摄入能量的 10% 以下，如果能进一步降低到 5% 以下或者每天大约 25g——也就是 6 茶匙，对健康会更有益处。

要是把蛋糕、甜点、饮料这些尝起来甜的食物戒了的话，那生活中就缺少快乐啦！

安全提示

精制糖摄入过多可能会导致超重肥胖、糖尿病、提前衰老、痛风、不育等。

是的！不过问题还没有这么简单，因为除了这些明显甜的食物，还存在很多尝起来并不太甜、名字也听不出糖的"味道"的食物，反而是储糖大户呢！

我突然想起了一个电视剧《伪装者》，您快跟大家说说，都有哪些伪装高手呢？

首先第一个啊，就是我们生活中经常见到的番茄酱。

番茄酱？可是据我所知，番茄酱中的番茄红素很丰富，而番茄红素具有一定的抗氧化和提高免疫力的作用，对人体健康很有好处呀。

的确是这样。然而，如果靠经常吃番茄酱来摄取番茄红素可不是最明智的选择。因为在番茄酱的配料中，除了水和番茄泥，含量最高的就是糖了，含糖量高的可达 30% 以上，一般的也得 15%～25% 呢。所以靠番茄酱获得番茄红素，远不如吃西红柿——例如西红柿炒鸡蛋、西红柿疙瘩汤等来得营养又便宜。

原来番茄酱的含糖量这么高，我还想着减体重呢，却不知道一边还吃着增肥的食物。我以后还是吃西红柿吧。

嗯，其实还有一种含糖量很高、容易被人们忽视的酱料。

酱料？不会是方便面里的酱料吧？

你吃烤鸭，一定会蘸酱。甜面酱虽然制作的时候并不加糖，不过发酵过程中会产生一些麦芽糖、葡萄糖等。而以甜面酱为主要原料制作的烤鸭酱等，除了本身甜面酱中的这些糖之外，还会额外加入白砂糖，这导致烤鸭酱的糖含量也不低，例如有些烤鸭酱中糖的含量大概占到了三分之一。

我知道烤鸭酱会有一些甜味，但是没感觉它有那么甜啊？

这就是一个关乎"甜与咸"的秘密，就是"咸"与"甜"可以相互抵消。理论上，在1%～2%的食盐溶液中加入10%的糖，几乎完全可以抵消咸味。

哇，我还真不知道这个问题。程老师，除了刚刚我们说到的番茄酱和烤鸭酱以外，还有哪些藏糖大户呢？

嗯，还有浓缩果汁和酸味零食。要说浓缩果汁，不得不先说一下100%果汁（图23-1）。

理论上，真正用新鲜水果压榨分离而成、不含其他任何添加物的果汁叫 100% 纯度果汁——也就是原果汁。不过在实际的生产中，直接压榨的果汁会增加运输和包装的成本，所以往往将果汁先浓缩，加工时再加水还原到原果汁的比例，这种工艺制造的果汁也叫 100% 果汁，市面上大多数 100% 果汁就属于这种，含糖量大概在 10%。

图 23-1　100% 果汁

哦，原来如此。那酸味零食又包括哪些呢？程老师？

女孩子爱吃的，山楂片、话梅是典型的酸中带甜的食物。道理也很简单，山楂、话梅等果子本身有机酸含量特别丰富，为了平衡酸自然需要加大量的糖，如此口感才能酸甜适宜。像山楂片中的糖含量往往比山楂还高；而话梅中的糖含量也不示弱，一般的排在配料表的第二位，仅次于梅子。这些例子都是冰山一角而已。事实上，生活中还有很多类似的食品。

啊？这么多食品都隐含着高糖而我们又不自知啊。

国家已要求所有预包装食品，都必须在配料表中将所使用的原料按照添加量由高到低的顺序标注出来，如此对那些含有"白砂糖、蔗糖、枫糖、黄糖、果糖、麦芽糖、果葡糖浆、淀粉糖浆、玉米糖浆、糊精、麦芽糊精"，且在配料表中排名比较靠前的食品我们就要当心。同时再结合"小框框"——也就是营养成分表，基本就可以判断含糖量高低了。

嗯，看来食品中关于糖的玄机不是一时半会儿可以说得尽的，还是养成看食品标签的习惯最靠谱，这也是新时代为自己健康把关的必备技能，正所谓"授之以鱼，不如授之以渔"啊。

安全提示

配料表中含有"白砂糖、蔗糖、枫糖、黄糖、果糖、麦芽糖、果葡糖浆、淀粉糖浆、玉米糖浆、糊精、麦芽糊精"，且排名比较靠前的都有可能是高糖食物。

嗯。另外含糖高也不是绝对不可以吃，就此打入冷宫也是不明智的，关键是做到心中有数，控制总能量不超标就好。

没想到生活当中竟然有这么多的高糖量"伪装者"，大家以后一定要多多注意！

食物上焦黑的地方吃了会致癌？

烧烤架上的肉发出滋滋的声音，翻了一翻，烤焦了！现在，所有的美味都集于这细嫩中带点爽脆的肉上，吃还是不吃？听说焦黑的食物吃了会致癌，这是真的吗？

传言中说到，食物中的蛋白质、油脂和淀粉，遇到过热高温会发生变性，分离裂解成多环胺、多环芳香族碳氢化合物、丙烯酰胺等有害物质。多环胺和多环芳香族碳氢化合物，均被列为 2B 致癌物，丙烯酰则为致癌物，动物实验证明有增加癌症风险。

首先必须明确一点，食物烧焦之后这个焦的部分，已经没有任何营养价值了，它里面的营养成分已经被破坏了，肉鱼蛋奶这些蛋白质食物烧焦之后，会产生致癌作用比较强的物质；烧焦的馒头、面包等这些高碳水化合物的食物，虽然不会产生多环芳烃等这种致癌物，但是，它会产生另外一种物质——丙烯酰胺，它也有一定的致癌作用。现在还流行烤蔬菜，蔬菜烤焦之后呢，当然它的营养物质也被破坏了，但是一般还不至于产生致癌物，可能只是导致口感不好，但是并不一定致癌。一般来说，焦黑的东西常常是油炸的、高脂高糖的，或者非常烫口的。大量吃下去的话，可能会以焦黑以外的其他原理致癌，以及引发其他健康问题。那么食物上焦黑的地方吃了果真会致癌吗？

程老师，问您个问题，您喜欢吃烧烤吗？

嗯，这个我很少吃。

像我就非常喜欢吃烧烤，并且烧烤时特别偏爱肉类的食物。但我在吃烧烤的时候遇到了一个非常头疼的问题，就是烧烤的火候一般人都不能很好地把握，食物难免会被烤焦。可是我在网上查询时发现，有很多文章都说："食物上焦黑的地方不能吃！吃了会致癌！"这把我给吓到了。

说到这让我想起了，曾经有一段时期，日本国立癌症治疗中心所发行的《抗癌防癌十二条》中的第 8 条就说到："不要吃烤得太焦的东西"。像鱼、肉等食物中所含色氨酸焦黑后的产物，是色氨酸 P1 和色氨酸 P2，确实被归类为"有可能致癌"的物质。在动物试验中，将这类物质直接投喂给大鼠之后，的确能够诱发大鼠的肝癌。

虽然很多言论都认为高温猛火烹制出的烤焦食物含有致癌物质，不能食用，但是我们的亲身体验是：吃了带烤焦的食物导致的后果，可能是上火而不是致癌。而且烤焦食物那么普遍，那全世界得癌症的人岂不是数不胜数了？这似乎与烤焦食物致癌的说法有些矛盾，这是怎么回事呢？

你先别急，我们先看一个例子，日本癌研有明医院，在胃肠等消化道恶性肿瘤诊疗方面，在全日本 1607 家医院中位居榜首。这家医院的专家做过研究：将鱼、肉等食物中所含色氨酸焦黑后的产物直接投喂给大鼠之后，的确能够诱发大鼠的肝癌。但是如果换一种方式，将鱼粉烤焦之后搅拌到饲料中喂给仓鼠，哪怕终其一生（仓鼠寿命为2年左右）地投喂，试验中没有发现仓鼠因此得癌（图24-1，图24-2）。而且实验中投喂给仓鼠的焦黑物的量非常大，如果等比例地放大到人类身上，每天得吃一吨以上焦黑物，才可能致癌。

图 24-1　焦黑肉类投喂给大鼠会诱发肝癌

图 24-2　焦黑鱼粉投喂给大鼠并未得癌

我觉得根本没有人吃得下这么大量的焦黑物质。并且我们经常听到的一句话那就是"量变引起质变"的道理。所以，现在只谈致癌而不谈量，那显然就是以偏概全的说法。

是的，烤焦食物，学名上称焦黑食物。焦黑食物理论上是能够致癌的，而且也是公认的。但实际上，"理论上致癌"不等于"实际上致癌"。焦黑食物，理论上能够致癌，然而实际上非常难。原因有两个：

第一：焦黑物并不会上瘾，焦黑物和烟草、酒精都算"致癌物"，但是烟草和酒精能够使一些人上瘾，从而沉湎其中、日久天长不断接触，从而增加患癌的风险。

安全提示

焦黑食物理论上公认是能够致癌的，但实际上，"理论上致癌"不等于"实际上致癌"。

焦黑一般只是依附在食物中，占的比例也比较合理，才会有不错的色、香、味，才会吸引人想吃下去。要是整块肉都烤焦了，根本无法下咽。

是的，第二：摄入的焦黑物达不到致癌的量，刚才我们说到的仓鼠被投喂的食物中混有大剂量焦黑，也并未发生癌症。按照相应比例换算到人体的话，需要吃下的焦黑物的量更是大得惊人，得要一吨以上！

也就是说日常生活中偶尔吃下烤鱼、烤肉上的焦黑食物，无须过多担心。

国际癌症研究机构，按照研究证据的强弱，对致癌物质做了不同分类。烧烤类属于"有可能致癌"，而不是"强烈的致癌作用"。

而且不是所有的焦黑物质都可能致癌：我们知道动物性食物富含蛋白质，焦黑之后，会产生前面提到的致癌物质。而大米呀、蔬菜瓜果等，即便焦黑了，也并不会产生同类致癌物质。可能只是导致口感不好，但是并不一定致癌。

其实，焦黑食物的风险并不仅仅是能否"致癌"，焦黑食物对身体健康也有其他害处。

焦黑食物除了有致癌的风险外，还会给我们的身体健康带来什么风险呢？

焦黑食物对人体健康的影响，并不仅限于是否致癌，比如大家都体验到的上火。

第一点：焦黑的东西常常是油炸的、高脂高糖的，或者非常烫口的。大量吃下去的话，可能会以焦黑以外的其他原理致癌，以及引发其他健康问题。

程老师，我知道很多烧烤食物为了更加刺激人的食欲，含盐量都非常高，这也是危害健康的风险因素之一。就像我们常说的，长期食用高盐食物不仅容易导致高血压，而且会对食管以及胃黏膜造成伤害。其实要想远离癌症，在生活中应该避开明确致癌源才是最关键的。

虽然在我们人体细胞中通常具有一整套包括 DNA 损伤修复等在内的防御机制，不让癌症发生。但是随着年龄增长，这种保护机制会慢慢地衰弱。一旦细胞 DNA 所受"损伤"累积超过了一定界限，癌症就可能会发生。良好的生活习惯是减轻患癌风险的关键。

如果你稍微关注一下那些明确的致癌物，就会发现，我们几乎每天都可能通过饮食吃进致癌物质，生活的环境里也总会接触到各种致癌物质。所以在现代生活中，很多致癌物质无法绝对避免。但是我们能做的是：避免那些有"明确致癌作用"、而且完全有条件避免的致癌物。

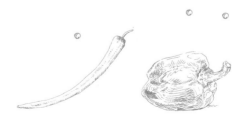

反复加热的食物会影响健康吗？

"服务员，串再给我热一下！"这是在烧烤店里最常听到的一句话，烤串是很多人的最爱，可是最近有新闻报道，近日哈尔滨某市民在购买肉串时发现，肉串的颜色和以前有些不一样，这次买回来的肉串颜色发黑，感觉没有以前买的肉串颜色那么新鲜，他担心是肉质出现了问题。记者调查发现，好多烧烤摊位上卖的肉串是提前烤好的，对烤串商贩的做法，一些购买肉串的人觉得，吃烧烤重点是喝点儿啤酒，肉串烤几次也没啥大不了的。这种外面购买肉串的时候最好要现吃现烤，很多人没有耐心，觉得吃那种现烤的肉串需要等很长时间，觉得只要好吃就行。当然也有人表示，吃肉串，必须是现吃现烤。

生活中很多家庭主妇都有诸如此类的烦恼，许多食物一次性做多了，就会一次又一次地反复加热来吃，那么这样反复加热之后食物的成分是否会发生变化？食用后又是否会对我们人体造成一定程度的影响呢？除了烧烤，在我们平常的生活当中，还有什么食物是不能反复加热的呢？

我们都知道，夏天到了，街上的烧烤也多了起来，闲暇之余约上三五好友撸个串，再来点冰镇啤酒，边聊边吃，那感觉真的别提多爽了！

曹雅君： 我自认为是食肉系的，这烧烤当然少不了我了。特别是烤肉串，比较有嚼劲，味道又好，每次都会吃不少。

嗯，烧烤是你们年轻人比较爱吃的，我想不仅是因为它味道好，再一个原因就像许强刚才说的，一天忙碌下来，吃烧烤这样的方式是比较惬意轻松的，可以帮助人们释放疲惫。

程老师您说得真是太对了，就是感觉很放松。说到这里了，我有一个问题，就是我们一帮朋友吃烧烤的时候点的肉串多，没等吃完就已经凉了。

曹雅君： 我们一般都是让老板再给回炉热一下，肉串凉了可真就不好吃了。

可是最近有人发现他买的肉串竟然变黑了，就是因为肉串烤完之后又回炉了，而且好多烧烤摊位上卖的肉串是提前烤好的，这样肉串就不新鲜了。

你说得没错，在外面购买肉串的时候最好要现吃现烤，很多人没有耐心，觉得吃那种现烤的肉串需要等很长时间，但是我建议大家最好不要买那种已经烤好的只需要加热一两分钟就可以吃的肉串。还有就是尽量少要一些，如果肉串放的时间长了以后变凉了，最好不要回炉了，除了你说的肉已经不新鲜了以外，其实食用反复加热的肉串还会对我们身体健康造成一些影响。

那程老师您赶紧给我们说说，吃了这反复加热的肉串到底会对我们的身体
造成什么样的危害呢？

我们以前也跟大家强调过，夏天要尽量少吃烧烤食物，为
什么这么说呢？蛋白质和脂肪在用火烤制的过程中，发生
了焦化反应，和空气接触以后就会生
成大量的苯并芘，如果肉串凉了
以后重新回炉，就好比反复
烧的水一样，脂肪变性，就
会发生酸败反应，对人体
健康可以说是很不利，首
先就是会引起消化不良，
而且还会在体内反应，伤害
我们的肝脏和肾脏。

安全提示

反复加热的肉串不仅肉
质已经不新鲜，脂肪变性
就会发生酸败反应，对
人体健康很不利。

肉串回炉再加热竟然有这么严重的后果，我们原本觉得热一下也无妨，又
不影响肉串的口感和味道。原来这肉串不能一次又一次地反复加热，事关
身体健康呢。

其实不只是烧烤，有很多食物最好也不要反复加热。

程老师，除了烧烤，在我们平常的生活当中，还有什么食物是不能反复加
热的呢？

首先第一样，就是汤。我们平常煮的汤，最好是当天的汤当天要喝完，很多人家里面煮的汤都是一次性做好，剩下的第二天再加热来喝，喝不完第三天再加热，如此反复地加热会导致汤里的某些成分发生变性，这种做法我们是不提倡的。

老师，熬汤一般比较费时费力嘛，所以人们习惯一次性熬多一点，照您说的，汤又不能反复加热，直接倒掉也很可惜呀。没有什么方法能保存下吗？

当然有方法保存，如果汤一次性做太多了，最好的保存方法就是汤底不要放盐之类的调味料，煮好汤用干净的勺子取出当天要喝的，喝不完的，最好是用瓦锅存放在冰箱里。因为剩汤长时间盛在铝锅、不锈钢锅内，易发生化学反应，应盛放在玻璃或陶瓷器皿中。

这是第一个，汤不可以反复加热。那第二个食物是什么呢？

第二个就是大家平时经常吃到的银耳。

银耳？我们前段时间就做过关于银耳的一期节目，那为什么银耳也不能反复加热呢？

这是因为不论是室内栽培的银耳还是野外栽培的银耳都含有较多的硝酸盐类，如果银耳煮熟了以后，放得比较久，

4-25 反复加热的食物会影响健康吗？ **149**

再加上你不断地反复加热，在细菌的分解作用下，硝酸盐会很快还原成亚硝酸盐。我们在以前的节目当中也探讨过，过多地摄入是会对我们的身体造成一定的影响的，严重的可能会导致中毒。

曹雅君： 程老师，您这么一说提醒我了，我在网上看到过绿叶类蔬菜也是不可以反复加热的，好像也是因为这样会产生亚硝酸盐。

你说得没错。尤其是菠菜，由于生长环境的影响，菠菜和其他绿叶类蔬菜的硝酸盐浓度会比较高。虽然硝酸盐并无害，但如果转变成致癌物亚硝胺的话就会影响血液携带氧气的能力，影响人体健康。所以，建议不要二次甚至是多次加热绿叶类蔬菜。

程老师我记住了，汤、银耳还有绿色的蔬菜是不能反复加热的。除了这些，还有什么食物是不能反复加热的吗？

最后我要说的一样就是富含蛋白质的食物，比如说鱼和海鲜、鸡蛋还有鸡肉等这些食物最好都不要反复加热。很多人会把吃剩下的鱼放在冰箱里第二天再吃，这种做法也是不可取的。因为鱼和海鲜隔夜以后再加热很容易产生蛋白质降解物，而这些物质会损伤我们的肝、肾功能，长期下去会对我们的健康造成一定程度的危害。

那鸡蛋和鸡肉为什么也不能反复加热呢？也是因为会产生这种蛋白质降解物吗？

如果鸡蛋隔夜之后再反复加热，在保存不当的情形下，营养的东西很容易滋生细菌，人们食用之后会产生一些不适的情况，比如说肠胃不适、胀气等。还有就是鸡肉加热会有较大的问题，因为如果不能均匀加热的话，部分鸡肉会先被加热，因为鸡肉的蛋白质密度要比其他红肉高，所以再次加热时，如果蛋白质分解不一致的话，也会引起肠胃的一些不适。所以，最好还是不要一次又一次地加热。

大家一定要记住程老师提到的这几种食物，尽量做到少食多次，千万不可反复加热。

4-25 反复加热的食物会影响健康吗？

筷子长期不换
竟会致癌？

　　不少人都知道牙刷要定期更换，但一双筷子使用几年却是常有的事。据了解，许多家庭一双筷子短则用上一两年，长则远不止。普遍认为，筷子没坏就没有必要换，但专家却说，筷子使用期不宜超过半年，否则可能会引发健康问题。除了筷子，还有哪些生活用品的保质期容易被忽视呢？生活用品"超期服役"，会造成什么影响？选购时又该注意哪些问题？

　　据了解，目前普通百姓家中使用筷子均以竹子和木质为主，极少数为金属等材料。大家通常习惯将筷子清洗干净后，便放置在筷子筒或橱柜内。其实这种操作方式首先是带有误区的，因为筷子在没有被完全晾晒后，湿度很大导致其容易发霉，从而对身体健康带来影响。在使用筷子的时候，必须保证筷子干燥放置或储藏，尽可能不提供霉菌滋生环境。

　　很多年轻人会选择那种不锈钢的筷子，觉得不锈钢筷子要比竹筷子卫生。那么事实果真如此吗？市面上的筷子良莠不齐，我们又应该如何选购？本期节目带您探索筷子的秘密。

程老师，我们都知道，家里有一些日常生活用品，比如说牙刷、毛巾等，一定要定期更换，不然的话会滋生有害细菌，对我们的健康会产生影响，这一点大家做得还比较好。

没错，养成这样的好习惯的确对我们的健康非常有好处。

但是，还有一样东西，我认为是很有必要定期更换的，这样东西可以说是我们中国传统文化传承的象征，但是很多人在家里使用这样东西的时候却没有定期更换的概念，今天我想跟您聊的是一样餐具，就是筷子。大家都非常熟悉。

中国的确是名副其实的"筷子大国"，从古至今一直把使用筷子视为自然沿袭下来的日常习惯，几乎每个中国人的餐桌上都离不开筷子，可以说是逢吃必用筷。对于天天都要使用的筷子，就像您说的，很多人都忽视了它的重要性。

计　星：是的，有的人也会选择用消毒柜来保持筷子的卫生。但是最近我在网上还看到这样一个说法，说是普通的木制、竹制的筷子使用超过六个月以上会诱发疑似肝癌，这是真的吗？

你说的这个新闻我也看过！它主要说的是长时间使用的筷子会滋生各种霉菌，严重发霉的筷子会滋生黄曲霉毒素。

黄曲霉毒素我知道，咱们以前在节目当中探讨过，在发霉的食物里，特别是淀粉含量高的食物里，像花生、玉米里面特别容易产生，而且我还知道网上传言它的毒性是砒霜的 68 倍，是氰化钾的 10 倍。说到这儿我就有点糊涂了，不是说发霉的粮食才会产生黄曲霉毒素吗？为什么筷子上也会有呢？

网上说长期使用的筷子会产生黄曲霉菌，这种说法其实并不准确。因为筷子本身并不会长黄曲霉菌，主要是因为黄曲霉菌污染粮食，繁殖会产生黄曲霉毒素，假如说筷子清洗不干净的话，残留的饭粒就有可能滋生黄曲霉菌。所以说无论是旧筷子还是新筷子，如果长期清洗不干净，一样都有可能带有黄曲霉菌。

安全提示

长期使用的筷子会产生黄曲霉菌，主要是因为筷子清洗不干净，残留的饭粒就有可能滋生黄曲霉菌，所以筷子一定要清洗干净。

原来是这样。其实一双筷子用几年是很多市民家里常有的事，那是不是说只要我们把筷子清洗干净了就不存在使用隐患了呢？

为了延长筷子的使用寿命，市面上销售的木质筷子表面都会被刷上一层食用漆，也就是我们常说的生漆，为了让筷子表面不易被细菌附着。但是木质筷子使用时间过长后，表面的生漆容易脱落或破损，木屑出现松动，就给细菌滋生提供了生存空间，比如金黄色葡萄球菌、大肠杆菌等等。

计 星：而且我觉得现在好多人会把筷子集中放在橱柜里，橱柜空气不流通，我觉得也很容易滋生细菌。

你说得没错。家用筷子长期用水洗涤，再加上你把它集中摆放在橱柜里，导致筷子的含水量很高，为细菌繁殖提供了非常好的生长环境，可能会让筷子变质的概率提高很多。

所以像筷子这种入口的餐具还是要勤换，尤其我看好多人家里的筷子都变色了还在用。

这就是我要强调的。一般来说，普通筷子在使用到 3～6 个月的时候，本身的颜色会随着时间和使用的频率发生变深或变浅。筷子颜色发生了变化，表示材质本身性质一定发生了变化。而造成颜色变化的因素，通常就是使用过程中食物、洗涤剂及空气、橱柜内残留物附着而导致的。只要筷子与购买时相比发生明显变化，尤其是颜色，我建议您赶紧更换。

大家一定要注意了，尤其是那种长了霉斑筷子，不要以为洗干净了就可以继续使用。

你说得很对，竹制品与木制品两种产品是霉斑最喜欢的生存环境，且只要环境不干燥、物质本身湿度含量达到一定程度，只需要一天时间就可以长霉斑。如果筷子上出现了一些疑似的斑点，表示筷子很有可能已经发霉变质，另外，如果筷子出现了弯曲、变形，那就说明筷子已经受潮或者是放得时间太长，很可能已经过了保质期，建议您不要再继续使用了。

筷子不仅要接触食物还要直接入口，所以材质和质量也是很重要的。那程老师，究竟什么材质的筷子才能帮助我们尽可能规避一些风险呢？

我们挑选筷子的时候，竹筷子是首选，也是最佳选择（图26-1）。它无毒无害，很环保，也是所有筷子中，价格最便宜的。质量好的竹筷子，遇高温也都不会变形。但是筷子最好能每3个月或每半年换新一次。

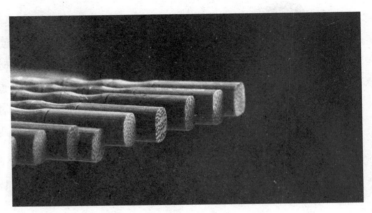

图 26-1　竹制筷子

程老师，现在我们很多年轻人会选择那种不锈钢的筷子，说是要比竹筷子卫生。

这种说法主要是因为金属筷子虽然表面也有磨损，但是不容易藏污纳垢。不过，目前不锈钢筷子良莠不齐，如果质量不过关的话可能会导致重金属析出，所以使用的时候要避免和醋、盐长期接触，不要用清洁球或强酸强碱进行清洗。

还有就是大家在洗完筷子以后，一定要充分晾干水分，最好能放在一个通风的地方保存。

冰箱的正确使用方法

1910 年，世界上第一台压缩式制冷的家用冰箱在美国问世。相隔 100 多年，冰箱已不再是什么稀奇的东西，它已成为每个家庭的居家必备。炎炎夏日，为了保持食物的新鲜度，老百姓常常把生的、熟的、肉制品、乳制品、蔬菜瓜果等食物都往冰箱一放，就觉得万事大吉了，可是这样看似简便的储物方式会不会存在什么安全隐患呢？

我们要知道冰箱只能延长食物的保存期限，并不是万无一失的"保险箱"。若超过一定时间，冰箱内保存的各种食物就会失去原有的鲜美味道。因为食物在放进时可能已经带进一些细菌及病毒，冰箱冷藏室的温度并非零度，不少病菌可潜伏在低温环境中，时间长了就会伺机大量繁殖，兴风作浪，使保存的食物发霉、腐败变质。盛夏炎热天气，从冰箱内取出的冷饮、冰冻饮料、水果、食物等应在室温下稍放置后再食用，避免突然受冷饮刺激引起胃痛、肠炎、腹泻或使原患有的高血压、冠心病、脑中风等病情加重，老人、小孩尤其要注意。

所以冰箱这一神器也要正确使用才能避免不必要的健康风险，那么本期节目就让程老师教教大家究竟该如何正确使用冰箱。

程老师，我最近发现我犯了一个错误，但是我并不知道我错的原因是什么。

说来听听。

我家里的冰箱容积已经很大了，但还是感觉不够用，真是有点苦恼!

你先跟我说说，你都往冰箱里放什么？

首先，家里肯定有剩菜剩饭啊，做多了吃不了又舍不得扔就放冰箱了，想吃的时候热一热就行了。还有买的一些肉类，鸡肉、鱼肉、牛肉、猪肉，这些家里常备的肯定也是放冰箱冷冻起的。还有一些面包啊，包子一类，蔬菜和水果肯定是必备的。

嗯，这么听着你冰箱里的东西还真是丰富，家里的冰箱可是受累了。首先我们先来看看这冰箱的结构。我们大家都知道，电冰箱一般分为冷冻室和冷藏室，冷藏室以不冻伤食品又有保鲜作用为准，温度为 2 ~ 10℃左右；冷冻室用于速冻食品，温度为 −26 ~ −16℃，在冷冻室中的食品可以存放较长的时间；你一般是怎么使用冷冻室和冷藏室的呢？

我的剩菜剩饭一般是放在冷藏室，肉类就冷冻了，蔬菜水果一般也是冷藏的。

许强啊，这冰箱里放食物可是有讲究的。不同的食物有不同的冷藏期限。比如你刚才说的剩饭剩菜，冷藏最好不要超过三天，超过三天就选择直接扔掉。

曹雅君： 程老师，我好像平时也没讲究过这些，只要是没吃完的东西就会一股脑儿塞进冰箱里，感觉食物只要被放进冰箱就不会坏了。

其实最好的方式就是既不要冷冻也不要冷藏，现买现吃，现吃现买。许强，你还记得咱们之前讲过的发物吧？

记得啊，其实并不是食物之间相克的。

对，但是这冰箱里放的食物可是真的相克呢。你比如说这黄瓜不能和西红柿放在一起，因为西红柿里面含有乙烯，两种食物放在一起会使黄瓜变质腐烂。还有面包和饼干也不能放一起，饼干是干燥的，没有水分，但是面包呢水分又比较多，这两样要放一起，饼干会变软就不脆了，而面包会变硬不能吃了。

程老师，这个我还真不知道，那除了刚刚您提到的这些，还有哪些食物不能在冰箱里一起存放呢？

拿咱们常吃的来说，米和水果也不能放一起。米是容易发热的，水果受热则容易蒸发水分就变得干枯，米吸收了水分以后又会发生霉变。鸡蛋不能和生姜和洋葱放一起，因为蛋壳上有很多小气孔，生姜和洋葱味道比较浓烈会钻进气孔里，加速鸡蛋变质，时间长一点，蛋就会发臭了。

看来这冰箱里储存食物还真有学问，一不留神还可能加速食物腐败变质呢。不是都说这冰箱是家中必备神器吗？那这神器应该怎么正确使用呢？

首先是您最关注的剩菜剩饭，应放在冷藏室上层后壁处。但是素菜不适合放冰箱，建议现烧现吃。

原来这冰箱保存食物的位置也是有讲究的。

嗯，像淀粉类主食面包、馒头、包子等如需长期保存，应该将其放入冷冻室，不仅可以延长保质期，还可以避免变得干燥。放入冷冻室之前，最好能放入分装的保鲜袋里并封好口。

曹雅君： 老师，像我平时喜欢自己在家打果蔬汁儿喝，所以会一次性买比较多的蔬菜水果，那果蔬应该放置在冰箱里什么位置呢？

水果蔬菜应放在冷藏室下层的抽屉里，或下层靠门的位置。而且不能放在一起，否则一些水果释放的乙烯可能会加速其他蔬菜变蔫。

那我代表喜欢吃肉的朋友们来请教下程老师，您说肉类该放冰箱里的什么地方呢？

拿咱们最常保存的肉类来说，短期内食用的生肉保存在冷藏室下层，且最好是温度更低的后壁处；暂时不食用的肉类放入冷冻层。专门辟出一层空间用来放生肉，不要生熟肉混放，防止生肉中的病菌污染其他食物。冷冻肉类、速冻食品等拿出解冻后，不能再放入冰箱二次冷冻，否则易滋生细菌和变质，因此，大块肉类最好切成小块再冷冻。

安全提示

冰箱内不要生熟肉混放，防止生肉中的病菌污染其他食物。冷冻肉类、速冻食品等拿出解冻后，不能再放入冰箱二次冷冻，否则易滋生细菌和变质。

程老师，我今天可是长知识了。不瞒您说，之前我只知道热的食物不能直接放进冰箱，放剩菜剩饭也只是蒙上保鲜膜，防止窜味，别的还真没注意过。

你说的这些都对，但是我还要强调几点。首先，切勿把冰箱塞得满满的，存放食物要留有一定空隙，以利于冷空气对流，减轻机组负荷，延长使用寿命，节省电量。其次，食物不能生熟混放在一起，这样做是为了保持卫生，按食物存放的时间、温度要求，合理利用箱内空间。不要把食物直接放到蒸发器表面，要放在器皿里，避免冻结在蒸发器上。还有就是鲜鱼、肉类要处理之后才能放进冰箱，而且要用塑料袋包起来，放在冷冻室里贮藏。蔬菜水果要把表面水分擦干，放在冰箱的最下层，零度以上保存最佳。最后就是夏天很多人喜欢往冰箱放一些饮品，但是大家要切记不要把瓶装饮料放进冷冻室，防止冻裂包装瓶。应该放在冷藏室，4 度左右保存最佳。

程老师讲了这么多，可真得全部记清楚。我还要补充一点，就是要定期整理冰箱。将过期或者不能食用的食材丢掉。如果长时间不清理的话，冰箱里会产生异味，影响储存食物的品质，大家可以放点咖啡渣、柚子皮除异味。

 补充得非常到位，哈哈。

好的，电视机前的观众朋友们，为了咱们的身体健康，要把今天程老师给我们讲的这些知识和建议都记住。关注食品安全就是关注您的健康。

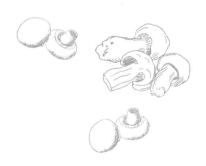

家用烤箱真的安全吗？

　　家用电烤箱越来越普及，成为一件厨房中必不可少的电器，偶尔用电烤箱来烤面包、烤肉，可以说既简单又方便。但是对于广大家庭来说，他们要的不仅是能给他们带来便利化、多样化的食物，更重要的还是安全。相信大家都知道电烤箱等类产品在工作过程中会产生辐射，因此很多人不禁担心电烤箱做出的食物到底是否安全？大家都知道，炭火烧烤的食物经常食用可能致癌，对身体不好。电烤箱制作出来的东西没有炭火的熏烧应该是安全的。其实电烤箱烤出来的食物也是有点危害的，不过只要不经常食用，就不会有太大的问题。

　　与明火烧烤不同，家用烤箱的聪明之处就在于食物不会与热源直接接触，没有油烟产生，而且可以方便地控制温度，受热也挺均匀，不会导致食物局部温度太高。所以一般的烤肉烤鱼只要温度不超过180～200℃，时间合适，且随时观察调整温度，避免表面烤焦烤糊，就不必担心致癌物的产生（或者说产生的杂环胺类和多环芳烃类致癌物微乎其微）。以制作中西点心为例，因中型烤箱炉温不如专业大烤箱稳定，所以在烘焙时必须要更小心注意炉温的变化，必须适时将点心换边掉头或者降温，以免蛋糕或面包两侧膨胀高度不均，或者饼干有的过焦有的未熟等情形发生。家用烤箱是否真的安全？本期节目将为您解答。

有一种家用电器，用它来制作的食物非常美味。

杜禹熙： 就是烤箱。用它来烤牛排、烤鸡胸、烤鱼、烤蘑菇、烤茄子、烤土豆、烤红薯……只需刷一点儿油、撒点胡椒粉等调味料，别有一番风味，家人也特别喜欢，而且只要调整好温度也不会糊掉。

嗯，这个烤箱的确是方便得很。以前烤箱只有在西餐厅中比较常见，后来随着经济和饮食文化的发展，烤箱也走下"神坛"进入到寻常百姓家的厨房里。

嗯，程老师，可是网上有很多报道说，明火烧烤会有产生致癌物的风险，所以不提倡大家吃烧烤。我就想：不知道家用烤箱烤制食物与烧烤有什么本质的区别，会不会也产生一些有害物质呢？营养会不会损失很大？

要想弄清楚这个问题啊，我们就得先搞明白网上所说的烤肉时的致癌物是怎么产生的。因为一般的肉类在超过200℃的高温下长时间加热，其中的氨基酸、肌酸和碳水化合物等会经过一系列复杂的反应，有可能会产生杂环胺类致癌物（图28-1），这就是明火烤肉会产生可能致癌物的理由。

> 杂环胺环上的氨基在体内代谢成的 N- 羟基化合物有致癌和致突变作用，在动物实验中一定剂量条件下，可以引起乳腺癌、结肠癌等多种癌症。

图 28-1　杂环胺类致癌物

杜禹熙： 原来如此。我对这些化学名
词比较陌生，只知道烧烤
时烤焦的肉、烤糊的
鱼、做菜时冒烟的油，
这些都是致癌物产生
的典型外在表现。

你说得没错。不过作为
化学反应，要产生致癌物
也是有条件的，其中高温便
是至关重要的一个因素。如果这
根导火索被切断，那么致癌物产生之路就会被阻止。

嗯，这也给了我们一种柳暗花明的预兆。那家用烤箱烤肉到底会不会产生
致癌物呢，程老师？

与明火烧烤不同，家用烤箱的聪明之处就在于食物不会与
热源直接接触，没有油烟产生，而且可以控制温度，受热
也挺均匀，不会导致食物局部温度太高。所以一般的烤肉
烤鱼只要温度不超过 180～200℃，时间合适，且随时观
察调整温度，避免表面烤焦烤糊，就不必过分担心致癌物
的产生，即便有，它所产生的杂环胺类和多环芳烃类致癌
物也微乎其微，基本可以忽略不计。

程老师，现在我们用烤箱烤制食物时经常会用到锡纸，有的朋友就要发问
了，如果是用一层外衣例如锡箔纸、荷叶包裹食物之后再烤，那会产生致
癌物吗？

如果是这样的话，那么产生的可能致癌物就会进一步降低。因为用锡箔纸、荷叶包裹食物之后再烤，一方面能避免肉的外表面水分过度散失，而学物理的时候我们都知道，水分热容量大，升温比较慢，更有利于食物均匀受热；同时将散失的水分留在外衣和肉之间，形成一层充满热蒸气的空隙，让食物有种连蒸带烤的加热效果，温度不容易过度上升，从而有助于减少可能致癌物的产生。

那烤箱烤蔬菜和薯类怎么样呢？我们都知道，蔬菜的主要成分是水分，而有机物含量较少，只要不会糊掉，产生的有害物质也很少；而薯类大都有外衣，可以带着外皮烤，只要避免烤糊、吃的时候再把皮去掉同样安全放心。可是程老师，我比较关心另一个问题，就是烤制过程中维生素等对热敏感的营养物质会被破坏掉吗？

其实啊，与明火烧烤相比，电烤食物可大大减少维生素的损失。例如土豆在 204℃ 的电炉中烧烤 1 小时，维生素 C、维生素 B_1、维生素 B_2、烟酸、维生素 B_6、叶酸的保留率均在 90% 以上，甚至有些营养素比传统烹调方法所造成损失还要小。而且烤制蔬菜和薯类的时候放油少，甚至不放油，只要控制好温度火候没有焦糊，也不失为一种省油又健康的烹调方式，尤其对于那些本来维生素 C 含量就不高的蔬菜，例如茄子、菌菇等更加适宜用烤箱烤制。

杜禹熙： 真的吗？那真是太好了！看来我们之前的担心都是虚惊一场。

而且家用烤箱烤制的食物不仅是安全的，更比一些传统的烹调方法还要健康、绿色。那么程老师，我们在用烤箱烤食物时有哪些需要注意的方面呢？

第一点，控制好温度与时间，不要超过 180～200℃，越低越好，避免糊掉，最多烤到颜色金黄、香脆即可；第二点，除非您有特殊的爱好，一般来讲焦糊部位不要吃，烤糊的外皮去掉再吃；第三点，包裹锡箔纸、荷叶等，烤制更放心；第四点，要注意搭配新鲜、深色的蔬菜、水果、薯类一起吃。蔬菜水果中的抗氧化物质、植物化学物等可以抑制有毒有害物质的致癌、致畸作用，其中的膳食纤维还可以吸附有毒有害物质，并将它们随着粪便排出，防止有害物质被吸收。

相比而言用烤箱烤食物更为安全，真正让人担心的是明火烤制食物。不过即便用相对安全的家庭烤箱烤制食物，也一定要注意以上几个核心要点，这才是安全健康的前提。

安全提示

使用烤箱需注意：①控制好温度与时间；②焦糊部位不要吃；③烤制食物最好包裹锡箔纸、荷叶等；④搭配果蔬。

铁锅是否安全？

　　锅具材质繁多，无论是金属材料还是搪瓷、砂锅，都可能含有一定量的有毒物质，如果选择和使用不当，这些有毒物质就会随食物进入人体损害健康。很多人家里炒菜的时候，喜欢用铁锅，因为有一种说法是"吃铁补铁"。但你确定你家的锅补的是铁？铁锅炒菜补铁却有些争议，在过去贫困时期，人们做菜、烙饼时主要使用铁锅，而且烹调时放油非常少，所做的菜肴又是以蔬菜为主，客观上有利于锅体中铁元素的溶出。尽管这种铁为非血红素铁，吸收率并不高，估计只有 3% 以下，但由于每日摄入，对于缺铁的人来说，仍然是一个重要的铁来源。不过，国内外没有任何一项研究显示，靠铁锅溶出铁的方式能解决国民贫血的问题。

　　铁锅多采用生铁制成，具有几乎不含有对人体有害的重金属元素、耐用的优点。铁锅的主要品种有印锅、耳锅、平锅、油锅、煎饼锅等。主要成分是铁，还含有少量的硫、磷、锰、硅、碳等。央视目前已曝光，有铁锅是用化工原料桶加工成的，还使用硫酸、盐酸等腐蚀性的化学物品来浸泡。长期使用会严重影响人们的健康！央视记者在现场看到一堆堆废旧的铁桶，周围空气中弥漫着一股刺鼻的味道，从铁桶的标签可以看出，它们来自各地的化工企业。铁桶上印有三甲基氯硅烷、异丙醇、二氯甲烷等化学名称，甚至还有标着骷髅头含剧毒的标志。铁锅重金属超标，着实让人担心，炒菜用铁锅真的可以"吃铁补铁"吗？

程老师，在节目开始之前，我想问您一个问题，家里做饭用的是什么锅？因为我们知道现在有用铁锅的还有用铝锅的！

嗯，都用！有铁制的也有铝制的。

彭　程：因为我家的锅特别多，有炒锅，有蒸锅。

说到这个锅，那是家家户户必备的，因为每天得吃饭啊，炒菜有炒锅，焖大米有电饭锅，蒸东西还有蒸锅，种类很多，所以锅的安全性也是非常重要的。但是，我记得有媒体曾经曝光过，一些非法厂家竟然用废旧的化工铁桶来生产炒菜用的铁锅，想想都觉得这些厂家真是缺失良心。这样做出来的铁锅是一定不能用的，肯定会危害我们的身体健康，真的是利欲熏心了。

由于大家盲目地以为铁锅可以补铁，所以很多家庭更愿意选择购买铁锅（图 29-1），这样一来，商家为了追求利润而采用视频中那样的做法，因为成本很低，而且售价应该也不会过高。但是据质检部门检测，这种铁锅中铅、汞、砷等重金属都超标，长期使用是有健康风险的，而且生产过程中也会对当地的环境造成很大的破坏。

图 29-1　铁锅

食品安全，从口开始，从锅开始！咱们中国人一直以来就有用铁锅炒菜的习惯，因为我们的传统观念就认为铁锅炒菜可以自然而然地补充铁元素，难道不是这样吗？

过去大家整体生活条件不好，一般以谷类和素食为主，很少吃到肉类，这样的饮食结构导致人们的铁摄入量不足，缺铁性贫血成为高发疾病。这时候使用铁锅炒菜，锅壁上的铁在铲子的刮蹭之下，有微量碎屑掉下来，接触到食物中的酸性物质之后就会发生化学反应，变成铁离子，混入到食品当中，增加食物中铁的含量。

食物与铁锅接触的时间越长，面积越大，食物的酸度越高，进入食物中的铁就越多，因此如果烹饪酸味食物如西红柿、酸菜或往菜肴里添加食醋、柠檬汁等，能够促进铁锅与酸性物质发生化学反应生成更多的铁。

彭　程： 我之前看过一份国外的调查资料，说我们平常用铁质平锅来炒蛋时，炒蛋中的铁含量竟能增加两倍。

也就是说，用铁锅炒菜的确能够增加菜肴中客观意义上铁的含量。既然用铁锅做法可以补充人体所需的铁元素，为什么现在铁锅还是逐渐被取代了呢？是这样的，虽然用铁锅炒菜能够增加菜肴中的铁含量，但这些铁都是无机铁，而人体吸收时需要吸收有机化合物形态的铁，又被称为血红素铁，血红素铁在人体中的吸收率约为30%～35%，而来自铁锅中的非血红素铁的吸收率并不高，估计在3%以下。

在贫困时期，尽管这种方式摄入的铁量非常少，但聊胜于无，然而对于生活水平已经提高的人们来说，铁锅炒菜摄入的铁还不如多吃点瘦肉或者肝脏吸收的铁多，因此，对于现在的人来说，用铁锅炒菜来补铁多少有一些复古的浪漫情怀。

安全提示

用铁锅炒菜能够增加菜肴中无机铁的含量，但人体吸收时需要吸收有机化合物形态的铁，还不如多吃点瘦肉或者肝脏吸收的铁多。

原来是这样子，就是说用铁锅炒菜获取的铁元素是很少的，我们现在完全有条件用其他摄食的方式来获取较大量的铁元素。程老师，我发现即使铁锅并不能去理想的补充铁元素，而且可能会买到像视频中那样的铁锅，但是还是有很多人会选择购买铁锅。

你说得没错，我们看待问题要一分为二，视频中制造铁锅的现象毕竟是极少数的，我们只能说有这种现象存在，但是我们只要去正规的商店选购还是可以放心的。虽然铁锅炒菜不会明显地增加我们铁元素的吸收，但是使用铁锅炒菜也是有好处的。

那您快跟我们说说，我的印象中铁锅除了可以增加铁元素，就是沉。那还有什么好处？

第一个方面，用铁锅炒菜可以少放油。铁锅用得时间长了，表面会自然生成一层油光，基本相当于不粘锅的效果。做菜的时候我们就可以不用放太多油，这样就避免摄入过量的食用油。另外清洗铁锅，你可以不使用洗洁精，用热水配合硬刷子刷干净，完全晾干就可以了。

彭　程：原来是这样，我还老觉得铁锅不容易洗干净，我都会多放点洗洁精。那我们回去可以试试！那第二个方面呢？

第二个方面，传统铁锅能避免"不粘锅"表层有害化学物质的潜在影响。"现有的研究资料表明，有的"不粘锅"表层涂层含有四氟化碳，这种化学物质对人体健康的风险主要集中在以下几点：第一点，对我们的肝脏健康有风险；第二点，会导致女性提前进入更年期；第三点，用"不粘锅"炒菜时，四氟化碳在高温下会变成气体挥发出来，并随着做饭的油烟被人体吸入；第四点，"不粘锅"表面被铲子刮擦，四氟化碳会掉落到食物中被人直接吃进肚里去。以上这些研究仅仅是个例，目前还没有大样本的科学统计，但是我们小心一些还是有必要的。

✕ 安全提示

有的"不粘锅"表层涂层含有四氟化碳，四氟化碳在高温下会变成气体挥发出来，并随着做饭的油烟被人体吸入或者掉落到食物中，它对我们的肝脏健康有风险。

我家现在炒菜用的就是不粘锅，特别好洗，我还纳闷它表面用的什么物质，原来叫四氟化碳。

第三个方面，用铁锅炒菜能补充微量铁元素。前面我们已经说过了，高温下，铁锅中的少量铁元素会渗入到食物中，因此在客观上起到了补铁的作用，即便它的量非常少。

原来是这个样子啊，我虽然也做饭但是现在市场上卖的大多都是其他材质的锅了，没想到里面也有这么多知识。

恩，还有你不知道的东西呢，铁锅还分生铁锅和熟铁锅。而且买了新锅还会有一个开锅的过程。

那是不是开锅了的铁锅就叫熟铁锅？开个玩笑，这两种锅应该是铸造的方式和材质不同吧？

嗯，你说得对。生铁锅是铸铁锅，它是用灰口铁融化浇铸而成的，而熟铁锅是精铁锅，是用熟铁锻压而成的，生铁和熟铁的特性以及制造工艺的差别，导致了生铁锅和熟铁锅存在比较大的差异，我们不能简单评价二者孰优孰劣，而是要根据实际的烹煮用途来评判。

那么有关生铁锅和熟铁锅的话题，以及铁锅相关的知识我们下一期节目继续讨论。

如何正确使用铁锅？

上期节目当中讲到，铁锅有生铁锅和熟铁锅之分：生铁锅是选用灰口铁熔化用模型浇铸制成的；熟铁锅是用黑铁皮锻压或手工捶打制成的，具有锅坯薄、传热快的性能。有些说法称铁锅补铁，但是并没有任何实验可以证明使用铁锅烹饪可以为人体补充铁元素。营养学家认为，对患有血色素沉着症的人，最好不要使用铁锅进行烹饪。

普通铁锅容易生锈，人体吸收过多氧化铁，即锈迹后，会对肝脏产生危害……因此，人们在使用铁锅时，需要遵守一些使用原则，才能有益健康。有人说炒完一道菜后，刷一次锅，再炒一道菜。每次饭菜做完后，必须洗净锅内壁并将锅擦干，以免锅生锈，产生不利人体健康的氧化铁。还有就是尽量不要用铁锅煮汤。铁锅容易生锈，不宜盛食物过夜。同时，尽量不要用铁锅煮汤，以免铁锅表面保护其不生锈的食油层消失。刷锅时也应尽量少用洗涤剂，之后还要尽量将锅内的水擦净。如果有轻微的锈迹，可用醋来清洗。那还有哪些巧用铁锅的小妙招？程老师您给支支招。

程老师，在上一期的节目中您说铁锅还分生铁锅和熟铁锅，我回到家也查了一下才弄明白您说的意思。其实生铁锅是铸铁锅，熟铁锅是精铁锅，它俩特性不同而且制造工艺也有不小的差别。

是的，熟铁的延展性能好，韧度高，能把锅锻压得比较薄，所以熟铁锅传热快，而生铁比较脆，采用浇铸的工艺生产生铁锅，是没有办法生产得比较薄的，所以生铁锅传热没有熟铁锅快（图30-1）。

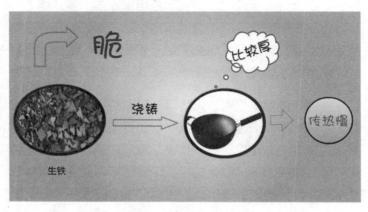

图 30-1　生铁锅

柏敏华： 因为生铁锅比较厚，所以传热慢。那我们一般情况下肯定也是想让菜快点炒熟啊。那生铁锅有什么用途呢？

对于日常用来进行食物油炸的铁锅，我还是建议选生铁锅。

这是为什么呢？

虽然生铁锅传热普遍比熟铁锅慢一点，但是它的散热率比熟铁锅要高一点，因此，在油炸食物时，生铁锅相比熟铁锅更不容易糊锅，油温也不容易过高，油温过高会导致食物焦化。生铁锅表面光滑度低，有微细缝隙，油炸食物时间长一点，就会在表面形成一层碳化物膜（锅垢）和油膜，一方面能防止油温过高，另一方面还可以防止铁锅生锈。

好吧！我承认我进厨房的次数少了！油炸的时候选择生铁锅，散热率高，不糊锅。

从耐用的角度考虑，选择熟铁锅比较适宜。生铁锅比较脆，遇到摔落、大的外力容易穿洞或是开裂，锅底在灶火高温下更容易氧化蚀穿，高温干烧容易变形报废。熟铁锅韧性好，遭遇大的外力或是碰撞不容易穿洞和开裂，更耐高温干烧。

嗯，所以，大家选铁锅还是按照自己的饮食习惯去购买不同"风格"的锅吧。您刚说到一个生锈的问题，我就一直在想，因为现在都是用的不锈钢做成的餐具，铁锅生锈这个问题我觉得也是大家不太愿意用铁锅的原因吧。

安全提示

油炸食物的时候要选择生铁锅，熟铁锅韧性好，更耐高温干烧。

嗯，现在使用的不锈钢等材质的餐具确实可以规避生锈这样一种现象，不过我们铁锅只要使用得当，开锅开得好，也是不会生锈的。就拿生铁锅和熟铁锅来说，在经常使用的情况下，只要不滥用洗涤剂彻底洗去表面油膜，炒菜后及时清洗，生铁锅是不容易生锈的。而熟铁锅就比较麻烦了，它需要在用后洗刷干净烧干水分，或是涂上油膜，否则就很容易生锈。

柏敏华：程老师，刚提到开锅？那到底什么是开锅？我都没听过这样的说法。

生铁锅在铸造完成后，没有出厂前，为了防止在销售过程中库存运输不当出现严重锈蚀，厂商一般都会做一定的防锈处理，因而，新铁锅表面看起来会比较油亮，用手摸感觉比较油腻，这就是喷涂了防锈处理剂，这些处理剂加上铸锅的生铁一起，就有一种特殊的气味，必须要去味才能炒菜。为了让我们使用起来更舒心，所以有了开锅这样的一个方法。

那应该怎么去开这个锅呢？

开锅也是老百姓的智慧，首先新锅要除味，加了水和食用油在锅里后还要放入茶叶，烧开后用锅铲舀油水淋遍整个锅壁，多淋几遍。然后用刷子刷洗整个锅壁。最后倒掉油水，用热水冲洗一下。

柏敏华：我还见过一种方式，就是用新铁锅熬煮一锅绿豆稀饭，一直熬煮到稀饭成浆糊了，然后再让稀饭自然冷却，最后倒掉把锅洗干净就可以了。但是，我觉得这种方式有点浪费粮食的感觉。那这样就算开锅了！

除完味之后就是保养了，用肥肉在烧锅中来回刷，一方面可以去除铁腥味，沾去铸锅的残留粉末，另一方面可以在铁锅内壁形成油膜保护层，防止以后使用过程中容易生锈。

程老师，我还是有点担心，虽然经过开锅处理以后会使铁锅又干净又形成保护膜，可是万一时间长了它还是生锈呢，铁锈对人体又有什么样的影响呢？

铁锈对人体的伤害一直以来都是大家关注的健康话题之一。摄入铁锈的最直接途径就是铁锅上的锈迹混入菜中被我们误食。如果人体长时间吸收了太多的铁锈，会对肝脏带来风险。有实验研究表明，都市人的肝病发病率高于乡村人的一个原因就是吸收了过多的氧化铁，其中最直接的也是危害最大的就是氧化铁对人类肝脏的损害。因此铁锅是不宜盛食物过夜的，尽量不要用铁锅煮汤，以免我们开锅的时候给铁锅表面做的保护膜消失。

安全提示

摄入铁锈过多会给肝脏带来风险，而且铁锅是不宜盛食物过夜的，也尽量不要用铁锅煮汤。

那我们除了开锅的时候给它进行保护外，使用后应该怎么保养铁锅呢？

其实很简单，水分是使铁容易生锈的条件之一，再有就是空气，这两者是铁锅生锈的原因。那么我们完全可以根据这两个原因去想办法防止铁锅生锈（图30-2）。

一、在洗涤时应避免用硬质刷布大力刷洗，尽量少用洗涤剂，防止把锅具刮坏。

二、铁锅用完后一定要马上洗净，擦干，将其悬挂于阴凉通风的地方，避免阳光直射。

三、如果铁锅长久不用，可以在铁锅上抹点油，平时尽量保持铁锅干燥，这样才不容易生锈。

图 30-2　如何保养铁锅

其实我们不必过分的去担心生锈的问题，有时保留铁锅产生的铁锈直接炒菜不但无害，反而有利于补血。铁锅已成为世界卫生组织向全球推荐的健康炊具，只要我们正确使用、保护铁锅，就不会出现问题。

看了我们今天的节目，电视机前的观众朋友一定可以更加放心地去用铁锅了。

感谢以下单位和机构提供政策专业技术支持

（排名不分先后）

国家食品药品监督管理总局

中国疾病预防控制中心

国家食品安全风险评估中心

山西省卫生和计划生育委员会

山西省食品药品监督管理局

山西省疾病预防控制中心

太原市卫生和计划生育委员会

太原市食品药品监督管理局

中国食品科学技术学会

山西省科学技术协会

中华预防医学会医疗机构公共卫生管理分会

中国卫生经济学会老年健康专业委员会

中国老年医学学会院校教育分会

山西省食品科学技术学会

山西省科普作家协会

山西省健康管理学会

山西省卫生经济学会

山西省药膳养生学会

山西省食品工业协会

山西省老年医学会

山西省营养学会

山西省健康协会

山西省药学会

山西省医学会科学普及专业委员会

山西省预防医学会卫生保健专业委员会

山西省医师协会人文医学专业委员会

太原市药学会

太原广播电视台

山西鹰皇文化传媒有限公司

山西医科大学卫生管理与政策研究中心

28